新疆人民出版总社
新疆人民卫生出版社

图书在版编目（CIP）数据

孕产妇保健护理营养食谱 / 胡维勤主编. -- 乌鲁木齐 : 新疆人民卫生出版社, 2015.8
ISBN 978-7-5372-6289-7

Ⅰ. ①孕… Ⅱ. ①胡… Ⅲ. ①孕妇－妇幼保健－食谱 ②产妇－妇幼保健－食谱 Ⅳ. ①TS972.164

中国版本图书馆 CIP 数据核字（2015）第 165377 号

孕产妇保健护理营养食谱

YUNCHANFU BAOJIAN HULI YINGYANG SHIPU

出版发行 新疆人民出版总社
新疆人民卫生出版社
责任编辑 张 宁
策划编辑 深圳市金版文化发展股份有限公司
版式设计 深圳市金版文化发展股份有限公司
封面设计 深圳市金版文化发展股份有限公司
地 址 新疆乌鲁木齐市龙泉街 196 号
电 话 0991-2824446
邮 编 830004
网 址 http: //www.xjpsp.com

印 刷 深圳市雅佳图印刷有限公司
经 销 全国新华书店
开 本 173 毫米 ×243 毫米 16 开
印 张 13
字 数 200 千字
版 次 2016 年 6 月第 1 版
印 次 2016 年 6 月第 1 次印刷
定 价 39.80 元

前言
Preface

十月怀胎，孕育新生命，对女性来说，无疑是人生旅途中一段非常奇妙而又独特的历程。从知晓幸“孕”降临的那一刻起，便决定告别零食、告别熬夜，晚上睡觉变得小心翼翼，连走路也开始专心。伴随着孕程的不断推进，各种孕期不适也轮番登场。然而，这所有的辛苦背后都藏着幸福的影子。

想要牵着宝贝的手一起去看沿途的风景，这是每个孕妈妈的期盼。可是，如何健康并顺利地度过孕产期？每个阶段的日常护理和饮食调养又有哪些值得注意的地方？孕期出现的各种不适症状该如何预防并改善？需要为即将到来的宝宝做好哪些准备？……面对这些纷繁而至的问题，你是否感到不知所措，而不得不开始做功课了呢？别着急，翻开本书，它会指导你科学、安全、轻松地度过孕产期，让你蜕变成一位成熟的母亲。

无论是在生理上还是心理上，孕妈妈都需要很好的照顾，本书将为孕妈妈们讲解从孕前准备到孕期生活再到分娩及产后恢复的整个过程的相关知识，并提供详细的全程营养指导和日常身心护理等精彩内容，使孕妈妈能够通过科学实用的理论来指导自己如何在孕期做得更好，为孕育和分娩宝宝做好准备。此外，本书还特别推荐了近200道营养美味的菜品，既照顾孕妇的口味，又注重食物的营养，以帮助孕妈妈为胎宝宝的顺利出生搭建起一个营养储备库，保证其营养供给和身体健康，在孕育出健康聪明宝宝的同时，也养护出自信美丽的自己。

希望本书能够成为每一位孕产妈妈的贴心朋友，并陪你度过一段愉快、幸福的孕育之旅。从现在起，做好准备，为迎接健康的新生命而努力吧！

目录
Contents

Part1 助你好“孕”：孕前保健和准备

Part2 平安度过危险期：孕早期保健

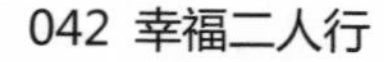

Part3 享受幸“孕”时刻：孕中期保健

Part4 提升“孕”力：孕晚期保健

Part5 妈妈、宝宝更健康：产褥期保健

附录 1 特殊情况的备孕提醒

附录 2 孕产期计划参考表

Part 1

助你好“孕”：孕前保健和准备

当你享受过了幸福的二人世界后，是否开始考虑要一个可爱的小天使了？不如先来学点备孕知识，调理好身体，为怀孕做好充足准备。

学点备孕知识

孕育一个健康的宝宝，需要适宜的受孕时机和良好的孕育环境。当您准备怀孕，享受为人父母的甜蜜时，为了提高宝宝的生命质量，在怀孕前需要有一个周全的准备，给宝宝一个更好的开始。

选择适宜的受孕时机

1. 适宜的受孕年龄

从优生优育的角度来说，选择适宜的受孕时机可以提高生育质量，摒除不利因素。

从科学生育的角度来看，女性的最佳生育年龄为 23 ~ 30 岁，男性为 27 ~ 35 岁。如果夫妻双方正处于事业的关键时刻，把生育年龄稍稍推迟也是可以的；如果夫妻一方或双方生殖系统功能需要诊治，也不妨等完全康复后再生育。这样做也可以视为另一种意义上的最佳生育年龄的选择。

2. 适宜的受孕季节

一般认为，3 ~ 4 月份和 9 ~ 10 月份是较为合宜的受孕时间。

如果选择 3 ~ 4 月份受孕，天气逐渐转暖，准妈妈的饮食起居易于调适，这样可以使胎儿在最初阶段有一个安定的发育环境。同时，春季怀孕，整个妊娠过程中都有良好的日照条件。准妈妈皮肤里的 7- 脱氢胆固醇在紫外线的照射下能变成维生素 D，可以促进钙、磷的吸收，有利于胎儿骨骼的生长和发育。除此之外，太阳光照射到皮肤上，能促进人体的血液循环，还能起到杀菌消毒的作用，对准妈妈的身体健康也大有益处。

如果选择 9 ~ 10 月份怀孕，气候温和舒适，睡眠、食欲均不易受影响。预产期又是春末夏初，气候温和，有利于产后新妈妈的身体康复和乳汁的分泌，良好的光照条件也有利于新生儿的生长发育和骨骼钙化。另外，进入冬季，婴儿逐渐长大，可避开肠道传染病、流行性感冒等多种疾病的高峰期。

3. 适宜的受孕时间

排卵当天及前 5 天是较为适宜受孕时间，此时受孕成功的概率比较高。需要注意的是，性交次数过疏或过频都不利于受孕。备孕夫妻可在排卵期性交前节欲 3 ~ 5 天，以保证足够数量的高质量的精子受精。

正确测定排卵期

一般情况下可以通过测孕试纸、基础体温测量以及宫颈黏液测试等方法检测排卵期，但是较为准确的办法还是去医院进行超声检测。

1 根据月经周期计算排卵期

下次月经来潮的第一天往前数 14 天就是排卵日，为了减少误差可以在这天前后加减三天即排卵期。不过，这种方法只适于经期非常规律的女性。

2 体温测定排卵期

从月经来潮的第一天开始测量，基础体温上升前后 2 ～ 3 日是排卵期。使用这一方法需连续坚持 3 个以上月经周期才能说明问题。

3 检测宫颈黏液计算排卵期

当阴道白带开始拉丝并且变得清亮时，说明身体已经为排卵做好准备。使用这种方法判断比较模糊，专家建议在这个阶段隔日同房更利于受孕。

4 检测尿液计算排卵期

通过尿试纸测定为阳性，表明身体开始排卵，所以可以选择在检测后第二天开始同房。

孕前体检及相关知识

提前进行体检，可排查隐藏的不利因素，为孕育优质宝宝做足准备。孕前检查一般建议在孕前 3 ～ 6 个月进行，包括夫妻双方。一旦孕前检查发现其他问题，还可以有时间进行干预治疗。女方的孕前检查应该是在月经干净后 3 ～ 7 天之内进行，注意检查前不要同房。

备孕妈妈的孕前体检项目：

生殖系统检查、肝功能检查、脱畸全套检查、妇科内分泌检查、尿常规检查、口腔检查、遗传病检查和一般体检。

备孕爸爸的孕前体检项目：

生殖系统检查、染色体检查、精液检查、肝功能检查和一般体检。

避开受孕“雷区”

1 遗传病史 

夫妻一方或双方家族有遗传性精神病、精神分裂症、躁狂症、抑郁型精神病，或原发性癫痫等精神病史，或有显著的遗传性先天畸形，或传染性疾病均不宜生育。

2 经常熬夜 

人体的多种性激素都是在熟睡状态下分泌的，如果长期熬夜或睡眠不足，就会使精子或卵子的生成或质量受损，进而影响受孕的概率和质量。对于准备怀孕的夫妻来说，应合理规划自己的工作和生活，改变经常熬夜的习惯，睡前不要吃得太饱或做剧烈运动，按时睡觉，切忌拖拖拉拉，影响睡眠时间。

3 精神压力过大 

处于备孕期的男女在情绪上容易焦虑，尤其是女性，如果连续几个月甚至一年都无法成功怀孕的话，往往容易变得焦躁和烦闷。殊不知，紧张焦虑的情绪会导致植物神经功能紊乱，并影响卵巢功能，增加受孕难度，最终形成恶性循环。备孕夫妻可学习一些情绪调适方法，或做一些自己感兴趣的事来分散注意力。

4 忽视药物的使用 

多数准妈妈在孕期都十分小心谨慎，从饮食、生活起居到用药，唯恐自己的疏忽影响了宝宝的健康。那么，你是否考虑到孕前影响宝宝健康的不利因素了呢？

是药三分毒，不管是备孕妈妈，还是备孕爸爸，孕前服用药物都存在导致精子或卵子成活率低、胎儿畸形等风险。就备孕妈妈而言，卵子从初期卵细胞到成熟卵子需要14天，在此期间卵子最易受药物影响。如果备孕妈妈在这段时间使用激素类药物、某些抗生素、止吐药、抗癌药、安眠药、治疗精神疾病的药物，均会对生殖细胞产生不同程度的不利影响。一般而言，女性在停药20天后受孕，对胎儿的影响较小。另外，有些药物可经由精液进入阴道，并经阴道黏膜吸收后进入女性血液循环，从而影响受精，产生低重儿及畸形儿。

专家建议

孕前3～6个月，夫妻双方都要避免使用吗啡、氯丙嗪、解热止痛药、环丙沙星、酮康唑、红霉素、利福平等药物，以免影响受精卵的质量。在计划怀孕期内需要自行服药的女性，一定要避免服用药物标识上有“孕妇禁服”字样的药物。长期使用避孕工具和口服避孕药物的女性应在孕前6个月停用。

判断怀孕的方法

基础体温

基础体温是指经过较长时间睡眠（8小时以上）清醒后，在尚未进行任何活动之前，所测得的体温。正常生育年龄女性的基础体温会随月经周期而变化。排卵后的基础体温要比排卵前略高，上升0.5℃左右，并且持续12～14天，直至月经前1～2天或月经到来的第一天才下降。月经期过，而怀疑受孕的女性可以通过测量基础体温，确定是否怀孕。夜晚临睡前，将体温计的水银柱甩至低于35℃，次日清晨醒后在未起床活动前，取体温计测口腔体温5分钟，连续测试3～4天，基础体温均高于正常体温，则可判定为怀孕。

宫颈黏液

宫颈黏液结晶的类型，对诊断早孕有非常重要的意义。女性在怀孕后，卵巢的“月经黄体”不但不会萎缩，反而进一步发育为“怀孕黄体”，分泌大量孕激素。因此，宫颈黏液涂片有许多排列成行的椭圆体，即可断定是怀孕现象。如果月经期过了而宫颈黏液涂片中见到的是典型羊齿叶状结晶，则可判定并没有受孕。

黄体酮试验

如果体内孕激素突然消失，就会引起子宫出血。对于以前月经有规律，而此次月经期过，疑为早孕的女性，可以用黄体酮试验辅助诊断早孕。给受试者每日肌内注射黄体酮（即孕激素）10～20毫克，连用3～5日。如果停药后7天内不见阴道流血，则试验阳性，基本上可以确定怀孕。

妇科检查

孕期，生殖系统尤其是子宫的变化非常明显。如果检查发现阴道壁和子宫颈充血、变软、呈紫蓝色，子宫颈和子宫体交界处软化明显，以致两者好像脱离开来一样，子宫变软、增大、前后径增宽而变为球形，并且触摸子宫引起收缩，则可确诊已经怀孕。

B超检查

受孕5周时，可用B型超声显像仪检查，显像屏可见怀孕囊。孕6周时可检测出胎心搏动。

怀孕试验

检测母体血或尿中有无绒毛膜促性腺激素。如果有，说明体内存在胚胎绒毛滋养层细胞，即可确定怀孕。

做足准备工作

生一个健康、聪明又可爱的宝宝是每个父母的愿望，为此，无论做多少准备工作都是值得的。从准备孕育宝宝的那一刻起，你们将经历生命中的很多变化。备孕爸妈，你们准备好了吗?

疾病需提早治愈

女性孕前良好的身体状态是宝宝身体健康的基础。如果准妈妈身患疾病未治愈，那么这些不适不仅会直接影响孕后母体健康，甚至会危及胎儿。那么，你的身体做好准备了吗？

POINT 1 贫血

严重贫血，不仅影响胎儿的发育，使孕妇痛苦，还不利于产后恢复。如果怀孕前发现患有贫血，应先确认是何种原因导致的贫血，并积极调理。可在饮食中充分摄取铁和蛋白质，并适当补充铁剂。待贫血治愈后，即可妊娠。

POINT 2 牙周炎或龋齿

女性怀孕后，孕激素水平升高会导致牙龈充血，易出现牙周发炎。此外，众多的牙周致病菌可进入血液循环，播散全身，并有可能通过血液进入胎盘，影响胎儿的生长发育，甚至发生早产。因此，女性怀孕前应进行口腔检查，及早治疗，并注意口腔卫生。

POINT 3 心脏病

心脏功能不正常会造成血运障碍，引起胎盘血管异常，导致流产、早产，产妇的身体和生命都会受到威胁，所以怀孕前一定要进行医治并听取医生的建议。

POINT 4 肾脏疾病

肾脏疾病患者一旦妊娠，随着妊娠的继续，病情会逐步加重，引起流产、早产，有的必须终止妊娠。备孕期女性需根据肾病的程度和症状，请教医生是否可以妊娠。

POINT 5 高血压

高血压患者易患妊娠高血压综合征，而且易转变为重症。如果体检发现有高血压的女性需进行全面检查并给予适当治疗，以决定是否可以妊娠。

POINT 6 肝脏疾病

妊娠后，肝脏负担增加，如果患有肝脏疾病，会使肝病恶化。而且有些类型的肝炎可通过胎盘、产道或哺乳等途径垂直传播给胎儿，如乙型肝炎。若是胎儿感染肝炎病毒，极易出现流产、早产、死胎，并有致畸可能。倘若病情严重就要终止妊娠，如病情不严重，在医生的指导下，可以继续妊娠。

POINT 7 糖尿病

孕妇患有糖尿病，容易导致流产、早产，甚至死胎。此外，生巨大儿、畸形儿的概率也会增加。患有糖尿病的妇女在孕前需要接受各种检查，以确定是否可以受孕。

POINT 8 妇科疾病

与妊娠相关的妇科疾病主要是阴道炎和子宫肌瘤。阴道炎较多是由念珠菌感染引起的，如果带病分娩，会感染胎儿，使新生儿患鹅口疮；患有子宫肌瘤的妇女，不容易受孕，并且有的肌瘤有可能因妊娠而迅速增大，导致肌瘤变性、坏死，所以最好及时治疗。

加强体格锻炼

1 锻炼身体应该贯穿于一生当中，在备孕期显得更为重要。随着科学与医学的进步，越来越多的证据表明，备孕夫妻双方在计划怀孕前的一段时间内，若能进行适宜而有规律的体育锻炼与运动，不仅可以促进女性体内激素的合理调配，确保受孕时女性体内激素的平衡与精子的顺利着床，避免怀孕早期发生流产，而且可以促进孕妇体内胎儿的发育和日后宝宝身体的灵活程度，更可以减轻孕妇分娩时的难度和痛苦。同时，适当的体育锻炼还可以帮助准爸爸提高身体素质，确保精子的质量。

2 备孕夫妻进行体育锻炼应采取积极主动的方法，并量力而行，避免对身体造成不必要的损伤。女性的柔韧性和灵活性较强，耐力和力量较差，适宜选择健美操、瑜伽、游泳、慢跑等运动。最好在运动时听听音乐，这样容易提高趣味，将锻炼坚持下去。特别是体重超过正常标准的女性，更应该在计划怀孕前准备好一个合理的减肥计划，并严格执行。这是因为，过胖的女性在怀孕后极易出现孕期糖尿病，它不仅对孕妇本身危害较大，而且会造成胎儿在母体内产生发育或代谢障碍，使胎儿出现高胰岛素血症。

做好心理准备

人生中的每一个变化，都需要心理的适应。孕前备孕夫妻大多带着喜悦的心情，迎接新生命的到来，但也可能因缺乏怀孕和生育经验而产生紧张、不安和焦虑情绪。因此，孕前一定要做好心理准备。

1 乐观地接受变化

夫妻双方都要懂得，从计划怀孕的那刻起，责任与义务也随之而来。尤其是准妈妈，不仅要面对身体的变化与不适，还会出现一些不可避免的心理压力。准妈妈应尽量放松自己的心情，及时调整和转移产生的不良情绪，如经常与丈夫谈心、共同欣赏音乐，必要时还可找心理医生咨询，进行心理辅导。作为备孕爸爸，应主动承担起家庭责任和家务，多开导妻子。

2 掌握一些孕育知识

学习和掌握一些关于妊娠、分娩和胎儿在宫内生长发育的孕育知识，了解备孕期的注意事项及如何应对妊娠过程出现的不适症状，以便做好准备，避免不必要的紧张和恐慌。

3 树立“生男生女都一样”的新观念

对于这一点，不光是准妈妈本人，也是所有家庭成员需要达成的共识。准妈妈没有了后顾之忧，不再有思想包袱，对优生大有好处。

注意生活细节

大多数人只记得备孕期间要注意身体的调理，却很少有人留意生活中的一些小细节。其实，生活中的小细节也与孕育一个健康宝宝有着密切的关联。

1

提前接种疫苗

怀孕是个特殊的时期，任何不良的影响都会影响胎宝宝的正常生长。为了在怀孕期间免受疾病侵扰，可提前接种疫苗。风疹疫苗和乙肝疫苗是两种必须注射的疫苗，此外还可以根据自身情况和医生建议，考虑是否接种其他疫苗。

2

加强性器官保健

性器官是生育的主要器官，保证性器官的卫生与健康也是备孕的准备之一。夫妻双方每次过性生活前都应认真清洗外阴和外生殖器，以免将阴道口或阴茎上的污物带入阴道内。性生活后最好也清洗一次，以减少局部分泌物刺激的不适。

备孕妈妈日常生活中应格外注意外阴清洁，清洗时要注意大小阴唇间、阴道前庭部的卫生；备孕爸爸要认真清洗阴茎、阴囊和包皮处隐藏的污垢。一旦有外阴瘙痒、白带异常症状，要及时就医，以免对日后怀孕造成不良影响。

3

谨慎使用清洁用品

在选购家庭清洁日用品时，最应该注意的不是物美价廉，而是"孕妇慎用"的提示。洗涤剂、漂白剂、消毒剂、除臭剂、空气清新剂、洁厕灵、除虫剂、油漆、黏合剂、涂料、强力清洁剂等日用化学产品中，大多含有对孕妇有害的成分。常用的清洁用品尽量选择毒性较小的，或自制一些天然的清洁用品，或用其他物品代替，例如用面粉或食用碱代替洗洁精。

4

不要住在刚装修好的房子里

新房子中的一些装饰材料、新家具等或多或少存在着对人体有害的物质，如甲醛、苯、甲苯、乙苯等，无法在短期内消散掉，对成人可能没有太大的影响，但却可能危及胎儿健康，造成不可逆的遗憾。新装修好的房屋最好在有效通风换气3个月后再入住。

5

谨防电磁辐射

电磁辐射对人的生殖系统、免疫系统会造成直接的伤害，也是造成女性不孕、孕妇流产、畸胎，男性性功能下降的诱发因素。因此，备孕夫妻不管在孕前还是孕期，都要尽量少用微波炉、电吹风、手机等电器。

6

备孕爸爸忌泡热水澡过久

泡澡的时间如果太长，水温太高的话，会使精子的数量、质量降低，且会影响精子的再生，直接导致受孕机会减低，婴儿畸形率增高，这对精子而言无异于是"谋杀"。与此类似的还有经常长时间泡桑拿浴、泡温泉、睡电热毯等，都会因高温引起生精功能下降。因此，备孕爸爸应尽量减少待在高温环境中的时间，有泡澡习惯的最好改成淋浴。

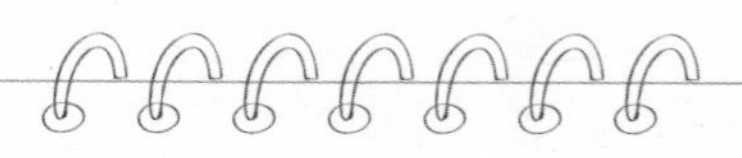

精子生成和存活的适宜温度要低于体温1～2℃，长时间处于高温环境下，会破坏精子的生存环境，并使生精上皮受损，致使精子的数量、质量、密度、活动力下降。

饮食调养好帮手

备孕妈妈营养状况好，才有可能给受精卵提供发育的温床。同时，只有保证良好的营养状况，备孕爸爸才能有数量足够、充满活力、健康强壮的精子。备孕期良好的营养储备，是保证胎儿健康发育的物质基础。

合理补充营养素

1. 备孕妈妈需重点补充的营养素

叶酸：备孕妈妈严重缺乏叶酸不但会让孕妈妈患上巨幼红细胞性贫血，还可能会让孕妈妈生出无脑儿、脊柱裂儿、脑积水儿等。专家建议备孕妈妈在怀孕前3个月平均每日需摄入0.4毫克叶酸。

锌：如果备孕妈妈和孕妈妈能摄入足量的锌，分娩会更顺利，新生儿也会非常健康。建议备孕女性和孕妈妈每日摄入11 ～ 16毫克的锌。

铁：孕期缺铁性贫血会出现心慌气短、头晕、乏力等症状，也会导致胎儿宫内缺氧，生长发育迟缓，出生后出现智力发育障碍。备孕期补充适量的铁，可以预防孕期贫血，改善血液循环，让脸色保持红润。备孕女性每日应摄入至少18毫克的铁。

钙：钙可有效降低孕妈妈的收缩压、舒张压，保证大脑正常工作，维持心脏、肾脏功能和血管健康，保护骨骼和牙齿的健康，有效预防孕妈妈孕期水肿。建议备孕女性每日补充800毫克的钙。

碘：孕妈妈缺碘可引起胎儿早产、甲状腺发育不全，并可影响胎儿中枢神经系统发育，造成先天畸形、脑功能减退等。建议备孕女性每日摄入150微克的碘。

2. 备孕爸爸需重点补充的营养素

维生素C：维生素C能提高精子的运动活性。建议备孕爸爸每日摄入100毫克维生素C。

维生素A：备孕爸爸如果缺乏维生素A，其精子的生成和活动能力都会受到影响，甚至产生畸形精子。建议备孕爸爸每日摄入800微克维生素A。

维生素E：维生素E能促进性激素分泌，增强男性精子的活力，提高精子的数量。建议备孕爸爸每日摄入14毫克维生素E。

硒：备孕爸爸体内缺硒会导致睾丸功能受损，性欲减退，精液质量差。建议备孕爸爸每日摄入50微克硒。

锌：锌参与精子生成、成熟的过程，是备孕爸爸合成激素时的必需元素，更是前列腺液中不可或缺的组成部分。备孕爸爸每日需摄入约2毫克锌。

调整饮食习惯

1 偏食挑食 

有的女性偏爱食用鸡鸭鱼肉和高档的营养保健品，或有的人只吃素菜，有的人不吃内脏（如猪肝），有的人不喝牛奶、不吃鸡蛋等，都会造成营养单一。

2 无节制进食 

一些女性不控制饮食量，孕前肥胖，孕期体重增加 40 多千克，造成分娩困难，胎儿过大或过小。

3 食品过精、过细

孕前和孕产期女性是家庭的重点关爱对象，一般都吃精白米、面，不吃粗粮，造成维生素 B_1 严重缺乏和不足。

4 吃过甜、过咸或过于油腻的食物 

糖代谢过程中会消耗大量的钙，吃过甜食物会导致孕前和孕期缺钙，且易使体重增加。吃过咸食物容易引起孕期水肿。油腻食品容易引起血脂增高，体重增加。

5 摄入过多植物脂肪 

有些孕妇为控制体重，只吃植物油，如豆油、菜油等，造成单一性的植物脂肪过高，对胎儿脑部发育不利，也影响母体健康。饮食中应适当摄入一定量的动物脂肪，如猪肉、牛肉等。

饮食禁忌

1 忌吃含咖啡因的食物

女性大量食用咖啡、茶、巧克力和可乐等含咖啡因的食物后，易出现恶心、呕吐、头痛、心跳加快等症状，无益于健康。

2 忌大量食用辛辣食物

辣椒、胡椒、花椒等调味品刺激性较大，多食会引起便秘。若计划怀孕或已经怀孕的女性大量食用这类食品，易出现消化功能障碍。

3 忌食人参、桂圆

中医认为孕妇多数阴血偏虚，食用人参易引起气盛阴耗，加重早孕反应、水肿和高血压等；桂圆辛温助阳，孕妇食用后易动胎。

4 忌多食味精

味精的成分是谷氨酸钠，进食过量会影响锌的吸收。

海鲜鸡蛋炒秋葵

原料：秋葵150克，鸡蛋3个，虾仁100克

调料：盐、鸡粉各3克，料酒、水淀粉、食用油各适量

做法

1. 秋葵洗净，去柄，切小段；虾仁切成丁。
2. 取一碗，打入鸡蛋，加入盐、鸡粉，搅散。
3. 把切好的虾仁倒入碗中，加入盐、料酒、水淀粉，拌匀，腌渍10分钟。
4. 用油起锅，倒入虾仁，炒至转色，放入秋葵，翻炒约3分钟至熟，盛出待用。
5. 用油起锅，倒入打好的鸡蛋液，放入炒好的食材，翻炒约2分钟至熟；关火，将炒好的菜肴盛出，装入盘中即可。

小叮咛

秋葵具有保肝护肾、增进食欲、帮助消化等功效，宫寒的备孕女性适当食用，有助于受孕。

小炒上海青

原料： 上海青350克，水发花菇3个，腊肉150克，蒜片少许

调料： 盐、鸡粉各1克，食用油适量

做法

1. 花菇去柄，切开；腊肉切片；上海青切段。
2. 沸水锅中倒入腊肉，汆去多余盐分，捞出；锅中倒入花菇，煮至断生，捞出。
3. 另起锅注油，倒入蒜片、腊肉，炒出香味，倒入汆好的花菇、上海青，加盐、鸡粉，翻炒至入味，关火后盛出，摆好盘即可。

上海青搭配花菇食用，不仅能起到润肠通便的效果，而且还能增进食欲，缓解孕早期厌食的症状。

玉米小麦豆浆

原料： 玉米30克，小麦40克，水发黄豆60克

调料： 白糖适量

做法

1. 把洗净的玉米、小麦、黄豆倒入豆浆机中，注入适量清水，至水位线即可。
2. 盖上豆浆机机头，选择"五谷"程序，再选择"开始"键，榨取豆浆。
3. 将豆浆机断电，取下机头，把打好的豆浆倒入碗中，加入少许白糖，搅拌片刻至白糖溶化即可。

小麦含有蛋白质、钙、铁、维生素B_1等成分，女性常食可益气祛湿、养心安神、去烦助眠。

豌豆苗炒鸡片

原料： 豌豆苗、鸡胸肉各 200 克，彩椒 40 克，蒜末、葱段各少许

调料： 盐、鸡粉各 3 克，水淀粉 9 毫升，食用油适量

做法

1. 洗净的彩椒切条，再切成小块。
2. 洗好的鸡胸肉切成片，装入碗中，加入盐、鸡粉、水淀粉、食用油，腌渍至其入味。
3. 锅中注水烧开，倒入鸡肉片，搅匀，汆至变色，捞出。
4. 用油起锅，倒入蒜末、葱段、彩椒，放入鸡肉片、豌豆苗，炒至全部食材熟软。
5. 加入适量盐、鸡粉，炒匀调味，倒入适量水淀粉，快速翻炒均匀，关火后盛出炒好的菜肴，装入盘中即可。

豌豆苗含有膳食纤维，能促进肠道蠕动，预防由便秘引发的血压升高，适合备孕期女性食用。

鲜奶白菜汤

原料：白菜 80 克，牛奶 150 毫升，鸡蛋 1 个，红枣 5 克
调料：盐 2 克

1. 洗净的白菜切成粗条；洗好的红枣切开，去核，待用。
2. 取一个碗，打入鸡蛋，搅散，制成蛋液。
3. 砂锅中注水，倒入红枣，用小火煮 15 分钟，放入备好的牛奶、白菜，续煮至食材熟透。
4. 加入盐，倒入蛋液，拌匀，煮至蛋花成形，关火后盛出煮好的汤料，装入碗中即可。

小叮咛

白菜具有开胃消食、清热除烦等功效，适合食欲不佳的备孕女性食用。

花生黄豆浆

原料：花生、水发黄豆各 70 克
调料：白糖 8 克

做法

1. 把洗净的花生、黄豆倒入豆浆机中，注入适量清水，至水位线即可。
2. 盖上豆浆机机头，选择"五谷"程序，再选择"开始"键，开始打浆。
3. 待豆浆机运转约 15 分钟，即成豆浆。
4. 将豆浆机断电，取下机头；将制好的豆浆盛入碗中，加入少许白糖，搅拌片刻至白糖溶化即可。

本品除了可使用花生外，还可以加入核桃、苹果等食材，不仅口味丰富，营养价值也更高。

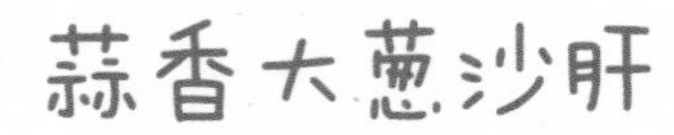

蒜香大葱沙肝

原料：沙肝 100 克，大葱 25 克，大蒜 3 瓣，朝天椒圈 5 克，香叶 1 片

调料：盐、黑胡椒粉各 2 克，椰子油 8 毫升

做法

❶ 洗净的沙肝去除多余脂肪，切块；洗好的大葱斜刀切段；大蒜切片。

❷ 热锅中倒入椰子油，烧热，放入蒜片，炒香，加入朝天椒圈、香叶，翻炒均匀。

❸ 倒入沙肝，翻炒数下至外表转色，倒入大葱，翻炒约 3 分钟至沙肝熟透且香味浓郁。

❹ 加入盐、黑胡椒，炒匀调味。

❺ 关火后盛出炒好的菜肴，装盘即可。

用大葱和蒜片爆炒沙肝，既能去腥又促进食欲，适当食用能为备孕期女性提供丰富的营养。

虾菇油菜心

原料：小油菜100克，鲜香菇60克，虾仁50克，姜片、葱段、蒜末各少许

调料：盐、鸡粉各3克，料酒3毫升，水淀粉、食用油各适量

做法

1. 洗好的虾仁由背部划开，挑去虾线，装在小碟子中，放入少许盐、鸡粉、水淀粉、食用油，腌渍至入味。
2. 锅中注水烧开，放入盐、鸡粉，将小油菜、香菇分别焯水后捞出。
3. 用油起锅，放入姜片、蒜末、葱段，用大火爆香，倒入香菇、虾仁，翻炒匀。
4. 淋入少许料酒，炒至虾身呈淡红色，加入盐、鸡粉调味，用大火快炒至食材熟透。
5. 取一个盘子，摆上小油菜，再盛出锅中食材，放在盘中即成。

油菜中富含叶酸，而虾仁富含蛋白质和钙质，备孕期女性常食可补充其所需的营养素。

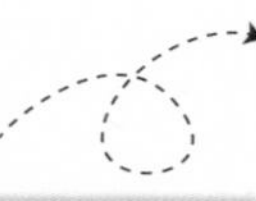

紫菜笋干豆腐煲

原料： 豆腐150克，笋干粗丝30克，虾皮10克，水发紫菜、枸杞各5克，葱花2克

调料： 盐、鸡粉各2克

做法

1. 砂锅中注水烧热，倒入笋干、虾皮、切好的豆腐，拌匀。
2. 用大火煮15分钟至食材熟透，倒入枸杞、紫菜。
3. 加入盐、鸡粉，拌匀，关火后盛出煮好的汤，点缀上葱花即可。

紫菜具有增强记忆力、提高人体免疫等多种功效，备孕期女性常食，可为怀孕打好身体基础。

裙带菜鸭血汤

原料： 鸭血180克，圣女果40克，裙带菜50克，姜末、葱花各少许

调料： 鸡粉、盐各2克，胡椒粉少许，食用油适量

做法

1. 开水锅中将切好的鸭血焯煮好后捞出。
2. 用油起锅，下入姜末，大火爆香，倒入切好的圣女果、裙带菜丝，炒至食材析出水分。
3. 注入适量水，加入鸡粉、盐，煮至汤汁沸腾。
4. 加入鸭血块、胡椒粉，续煮至全部食材熟透，关火后盛出煮好的汤料，撒上葱花即可。

鸭血味美，且营养丰富，富含铁、钙等多种矿物质，轻度贫血的备孕女性食用，有补血的作用。

做法

1. 将已浸泡8小时的黄豆倒入碗中，注入适量清水，用手搓洗干净，倒入滤网中，沥干水分。
2. 将备好的虾皮、黄豆、紫菜倒入豆浆机中，注入适量清水，至水位线即可。
3. 盖上豆浆机机头，选择“五谷”程序，再选择“开始”键，开始打浆，待豆浆机运转约15分钟，即成豆浆。
4. 将豆浆机断电，取下机头。
5. 把煮好的豆浆倒入滤网，滤入杯中，再加入少许盐，搅匀即可。

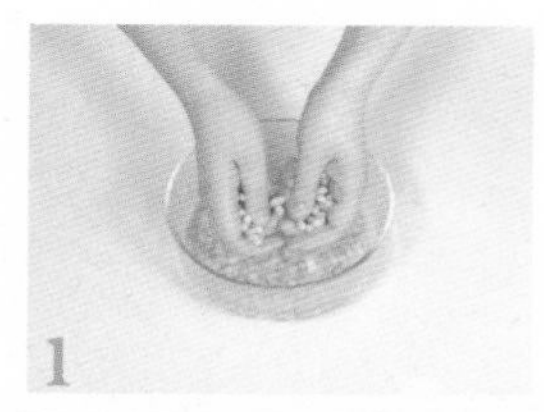

虾皮紫菜豆浆

原料： 水发黄豆40克，紫菜、虾皮各少许

调料： 盐少许

紫菜含有维生素B_2、烟酸、胆碱、丙氨酸、谷氨酸等成分，具有化痰软坚、清热利水、补肾养心等功效，适合备孕期女性食用。

西芹木耳炒虾仁

原料： 西芹75克，木耳40克，虾仁50克，胡萝卜片、姜片、蒜末、葱段各少许

调料： 盐3克，鸡粉2克，料酒4毫升，水淀粉、食用油各适量

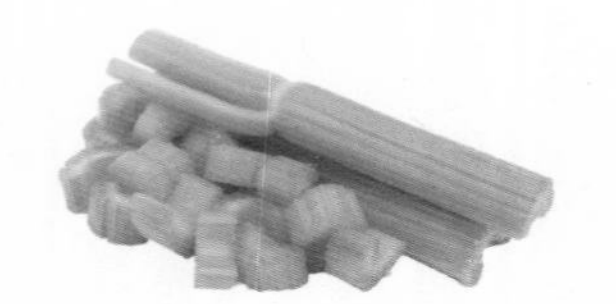

1. 洗净的西芹切成段，洗好的木耳切成小块。
2. 洗净的虾仁去除虾线，装在碗中，加入少许盐、鸡粉、水淀粉、食用油，腌至入味。
3. 锅中注水烧开，放入盐、食用油、木耳，略煮后捞出；再倒入西芹，煮至断生后捞出。
4. 用油起锅，放入胡萝卜片、姜片、蒜末，爆香，倒入腌好的虾仁，淋入料酒，翻炒至虾身弯曲、变色，再倒入焯煮过的食材。
5. 加入盐、鸡粉、水淀粉调味，撒上葱段，略炒至食材断生，盛出即成。

西芹放入沸水中焯烫，除了可以缩短炒菜的时间，还可以使成菜颜色翠绿。

核桃仁芹菜炒香干

原料： 香干120克，胡萝卜70克，核桃仁35克，芹菜段60克

调料： 盐2克，鸡粉2克，水淀粉、食用油各适量

做法

1. 将洗净的香干切细条形。
2. 洗好的胡萝卜切片，再切粗丝，备用。
3. 热锅注油，烧至三四成热，倒入核桃仁，拌匀，炸出香味，捞出，沥干油，待用。
4. 用油起锅，倒入洗好的芹菜段、胡萝卜丝、香干，快速翻炒均匀，加入盐、鸡粉，炒匀调味，倒入水淀粉，用中火翻炒至食材熟透、入味。
5. 再倒入炸好的核桃仁，炒匀，关火后盛出炒好的菜肴，装入盘中即可。

小叮咛

香干含有丰富的蛋白质、维生素A、钙、铁、镁、锌等营养元素，营养较为全面，适合备孕期女性食用。

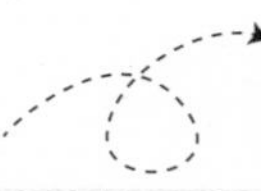

茴香鸡蛋饼

原料：茴香 45 克，鸡蛋液 120 克

调料：盐 2 克，鸡粉 3 克，食用油适量

做法

1. 洗净的茴香切小段，倒入鸡蛋液里，加入盐、鸡粉，调匀。
2. 用油起锅，倒入混合好的蛋液，煎至成形，煎出焦香味。
3. 翻面，煎至焦黄色，将煎好的鸡蛋饼盛出。
4. 把鸡蛋饼切成扇形块，装入盘中即可。

鸡蛋含有蛋白质、维生素 A、维生素 B_1 等营养成分，备孕期女性食用，可预防孕期营养不良。

牛奶麦片粥

原料：燕麦片 50 克，牛奶 150 毫升

调料：白砂糖 10 克

做法

1. 砂锅中注水烧热，倒入备好的牛奶，用大火煮沸。
2. 放入备好的燕麦片，拌匀、搅散，转中火，煮约 3 分钟，至食材熟透。
3. 撒上适量白砂糖，拌匀、煮沸，至糖分完全溶化。
4. 关火后盛出麦片粥，装入碗中即成。

牛奶中含有丰富的活性钙，是人类最好的钙源之一，备孕期女性常食可补充其所需的钙。

猪肝米丸子

原料：猪肝140克，米饭200克，水发香菇45克，洋葱30克，胡萝卜40克，蛋液50克，面包糠适量

调料：盐、鸡粉各2克，食用油适量

做法

1. 蒸锅中注水烧开，放入洗净的猪肝，蒸约15分钟，至食材熟透后取出，待用。
2. 将放凉的猪肝切片，再切条形，改切成末。
3. 用油起锅，倒入切好的胡萝卜丁、香菇丁、洋葱末，炒至变软，倒入猪肝末，炒匀。
4. 加入盐、鸡粉，倒入米饭，翻炒至米饭松散，关火后盛出炒好的食材，放凉待用。
5. 将放凉的食材制成数个丸子，再依次滚上蛋液、面包糠，制成米丸子生坯，待用。
6. 锅中注油烧热，放入生坯，用中小火炸至其呈金黄色，关火后捞出材料，摆好盘即可。

猪肝含有蛋白质、维生素A、B族维生素、铁、锌、铜、硒等营养成分，女性常食，能为备孕打好基础。

酱汁鹌鹑蛋

原料：鹌鹑蛋 300 克

调料：白糖 35 克，老抽 4 毫升，生抽 7 毫升，盐 2 克，食用油适量

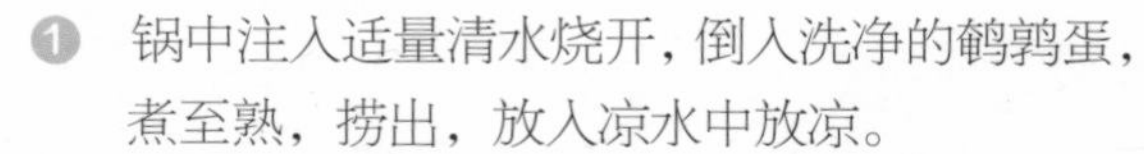

❶ 锅中注入适量清水烧开，倒入洗净的鹌鹑蛋，煮至熟，捞出，放入凉水中放凉。

❷ 将放凉的鹌鹑蛋去壳，待用。

❸ 用牙签将鹌鹑蛋两个一串穿起来,制成小串，待用。

❹ 热锅注油烧热，倒入些许清水，加入少许白糖，炒制成枣红色。

❺ 注入适量清水，加入少许老抽、生抽、盐，倒入鹌鹑蛋，搅拌片刻。

❻ 盖上锅盖，煮开后转小火焖 10 分钟至入味；掀开锅盖，将鹌鹑蛋捞出，装入盘中，浇上少许卤汁即可。

鹌鹑蛋含蛋白质、脂肪、维生素、矿物质等成分，具有增强免疫力、调理内分泌、美容护肤等功效。

甜杏仁绿豆海带汤

原料：甜杏仁 20 克，水发绿豆 100 克，海带 30 克，玫瑰花 6 克

1. 砂锅中注水烧开，倒入甜杏仁、泡好的绿豆，拌匀。
2. 盖上盖，用大火煮开后转小火煮约 30 分钟，至食材熟软。
3. 揭盖，加入切好的海带丝、玫瑰，拌匀，煮至熟透。
4. 关火后盛出煮好的汤，装碗即可。

小叮咛

甜杏仁含有蛋白质、脂肪、维生素 E 等多种营养物质，备孕期女性适当食用，有助于预防妊娠纹。

小米鸡蛋粥

原料：小米 300 克，鸡蛋 40 克

调料：盐、食用油各适量

1. 砂锅中注入适量的清水，大火烧热，倒入备好的小米，搅拌片刻。
2. 盖上锅盖，烧开后转小火煮 20 分钟，至食材熟软。
3. 掀开锅盖，加入少许盐、食用油，搅匀调味。
4. 打入鸡蛋，小火煮 2 分钟；关火，将煮好的粥盛入碗中即成。

鸡蛋具有补充钙质、增强免疫力等功效，搭配养生的小米同食，不仅能调理肠胃，还可提高营养价值。

五香酱牛肉

原料： 牛肉400克，花椒、茴香、朝天椒各5克，香叶1克，桂皮2片，草果、八角各2个，葱段20克，姜片少许，去壳熟鸡蛋2个

调料： 老抽、料酒各5毫升，生抽30毫升

牛肉营养价值较高，具有补中益气、滋养脾胃、强健筋骨等功效，备孕女性食用，可增强体质、调理身体。

1

2

3

4

5

1. 取一碗，倒入洗净的牛肉，放入花椒、茴香、香叶、桂皮、草果、八角、姜片、朝天椒，加入料酒、老抽、生抽，拌匀，用保鲜膜密封碗口，放入冰箱保鲜24小时至腌渍入味。
2. 取出碗，将腌好的牛肉与酱汁一同倒入砂锅，注入适量清水，放入葱段、鸡蛋。
3. 加盖，用大火煮开后转小火续煮1小时至牛肉熟软；揭盖，取出酱牛肉及鸡蛋。
4. 与酱汁一同装入碗中，放凉后用保鲜膜密封碗口，放入冰箱冷藏12小时至入味。
5. 从冰箱取出腌渍好的酱牛肉、鸡蛋，撕去保鲜膜，将鸡蛋对半切开，酱牛肉切片，摆放在盘中，浇上少许卤汁即可。

海带丝拌菠菜

原料：海带丝230克，菠菜85克，熟白芝麻15克，胡萝卜25克，蒜末少许

调料：盐、鸡粉各2克，生抽4毫升，芝麻油6毫升，食用油适量

做法

1. 洗好的海带丝切成段，待用。
2. 洗净去皮的胡萝卜切成片，再切成细丝。
3. 锅中注水烧开，倒入海带，搅匀，再放入胡萝卜，搅匀，淋上食用油，搅拌匀，煮至断生，捞出，沥干水分，待用。
4. 另起锅，注水烧开，倒入菠菜，加入食用油，煮至菠菜断生后捞出，沥干水分，待用。
5. 取一个大碗，倒入海带、胡萝卜、菠菜，拌匀，撒上蒜末，加入盐、鸡粉，淋入生抽、芝麻油，撒上白芝麻，搅拌均匀。
6. 将拌好的菜肴盛入盘中即可。

小叮咛

海带含有蛋白质、B族维生素、海带多糖、钙、磷、铁等，备孕女性适当食用，可为即将到来的胎儿储备营养。

素蒸芋头

原料： 去皮芋头 500 克，葱花适量

调料： 生抽 5 毫升，食用油适量

1. 洗净去皮的芋头切滚刀块，装入蒸盘。
2. 电蒸锅注水烧开，放入蒸盘。
3. 加盖，用大火蒸 30 分钟至芋头熟软。
4. 揭盖，取出蒸好的芋头，撒上葱花，待用。
5. 用油起锅，烧至八成热，关火后将热油淋在芋头上，浇上生抽即可。

小叮咛

芋头含有的黏液蛋白，被人体吸收后能产生免疫球蛋白，提高机体的免疫力，备孕期女性可适量补充。

炒花蟹

原料：花蟹2只，姜片、蒜片、葱段各少许

调料：盐、白糖各2克，料酒4毫升，生抽3毫升，水淀粉5毫升，食用油适量

做法

1. 用油起锅，放入姜片、蒜片和葱段，爆香。
2. 倒入处理净的花蟹，加入料酒、生抽，炒香。
3. 注入适量清水，放入盐、白糖，炒匀。
4. 盖上盖，大火焖2分钟；揭盖，用水淀粉勾芡，关火后把炒好的花蟹盛出装盘即可。

花蟹含有蛋白质、维生素E、维生素A以及多种矿物质，备孕女性适当食用可养筋益气、理胃消食。

牛肉苹果丝

原料：牛肉丝、苹果各150克，生姜15克

调料：盐3克，鸡粉2克，料酒、生抽、水淀粉、食用油各适量

做法

1. 洗净的生姜切丝；洗好的苹果去核，切成条。
2. 牛肉丝装入盘中，加入盐、料酒、水淀粉、食用油，腌渍半小时至其入味，备用。
3. 热锅注油，倒入姜丝、牛肉，翻炒至变色。
4. 加入料酒、生抽、盐、鸡粉，倒入苹果丝，翻炒匀，关火后盛出炒好的菜肴即可。

苹果具有增强记忆力、美容养颜、养心润肺等功效，备孕女性常食，能为怀孕打好身体基础。

松仁炒羊肉

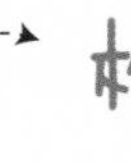

原料：羊肉400克，彩椒60克，豌豆80克，松仁50克，胡萝卜片、姜片、葱段各少许

调料：盐、鸡粉各4克，食粉1克，生抽5毫升，料酒10毫升，水淀粉13毫升，食用油适量

做法

1. 洗好的羊肉切成片，装入碗中，加入食粉、盐、鸡粉、生抽、水淀粉，腌渍约10分钟。
2. 锅中注水烧热，加入食用油、盐，倒入洗净的豌豆、彩椒、胡萝卜片，煮至断生，捞出。
3. 用油起锅，放入松仁，用小火炸香，捞出；把腌好的羊肉倒入油锅中，滑油至变色，捞出。
4. 锅底留油，放入姜片、葱段，爆香，倒入焯过水的食材、羊肉，淋入料酒，炒匀。
5. 加入鸡粉、盐、水淀粉，翻炒片刻，至食材入味，关火后盛出菜肴，装盘即可。

小叮咛

羊肉具有益气补血、补髓填精、补肝明目等功效，备孕女性适当食用，有助于早日受孕。

芙蓉白玉蟹

原料：花蟹、黄瓜各100克，蛋清40克，莲子30克

调料：盐3克，鸡粉1克，食用油适量

做法

1. 洗净的黄瓜对半切开，每半切为两条，去籽，改切成丁。
2. 蛋清中加入1克盐，搅拌均匀，待用。
3. 用油起锅，倒入搅匀的蛋清，炒约30秒至蛋清变白，关火后盛出蛋白，装盘待用。
4. 锅中注油烧热，放入花蟹，翻炒数下，加入莲子、黄瓜丁，炒匀，注入清水，加入盐，搅匀调味，加盖，用大火焖3分钟至食材熟透。
5. 揭盖，放入炒好的蛋白，加入鸡粉，翻炒均匀。
6. 关火后盛出菜肴，装盘即可。

小叮咛

花蟹具有较好的滋补功效，但性寒，备孕期女性食用本品时，可增加姜片的量，以祛寒杀菌。

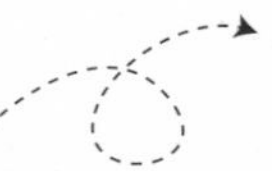

陈皮炒鸡蛋

原料： 鸡蛋 3 个，水发陈皮 5 克，姜汁 100 毫升，葱花少许

调料： 盐 3 克，水淀粉、食用油各适量

做法

1. 洗好的陈皮切丝。
2. 取一个碗，打入鸡蛋，加入陈皮丝、盐、姜汁，倒入水淀粉，拌匀，待用。
3. 用油起锅，倒入蛋液，炒至鸡蛋成形。
4. 撒上葱花，略炒片刻，关火后盛出炒好的菜肴，装入盘中即可。

陈皮所含的挥发油对胃肠道有温和的刺激作用，有助于改善备孕期女性食欲不振的情况。

苹果胡萝卜麦片粥

原料： 苹果 150 克，胡萝卜 45 克，麦片 95 克，牛奶 200 毫升

1. 将去皮洗净的胡萝卜切条形，改切成丁；洗好的苹果切瓣，去核，把果肉切成小块。
2. 砂锅中注入适量清水烧开，倒入切好的胡萝卜、苹果，用大火煮一会儿。
3. 放入备好的麦片，搅匀，用中火煮约 2 分钟，至麦片熟软，撇去浮沫。
4. 倒入牛奶，拌匀，煮出奶香味。
5. 关火后盛出煮好的麦片粥，装入碗中即成。

苹果所含的果胶有助于人体排出废物，减少有害物质对备孕期女性健康的损害。

平安度过危险期：孕早期保健

怀孕初期，是胎儿最不稳定的时期，或许你的一个无心举动就会影响到胎儿的健康发育。那么，如何平安度过危险期，为小天使保驾护航呢？

幸福二人行

孕早期，指怀孕的前 3 个月，是胎儿的细胞分化、人体器官形成的主要时期，同时也是胎儿在母体内发生适应性生理变化的时期。在这重要的 3 个月里，胎宝宝和孕妈妈会有哪些变化呢？

时间	胎宝宝的成长	孕妈妈的变化
第 1 周	只是以精子和卵子的“前体”状态存在于妈妈的体内	身体无明显变化，基础体温略高
第 2 周	精子和卵子结合，形成了受精卵	月经没有按时到来，已怀孕 2 周
第 3 周	外形上还没有人的形状，胚胎开始成形；本周末宝宝的心脏开始跳动	一般无自觉症状，较敏感的人身体会有发寒或发热、慵懒倦怠及难以入眠的症状
第 4 周	头部开始有一个雏形，脑、脊髓等神经系统的原型几乎都已显现	子宫内膜变得肥厚松软而富有营养；孕妈妈会有轻微不适，有时会感到疲劳
第 5 周	主要内脏器官开始生长；神经系统也开始工作；面部器官开始形成	可能会有类似感冒的症状，如浑身乏力、发热或发冷、困倦思睡、容易感到疲劳等
第 6 周	胚胎长约 0.6 厘米，重 2 ~ 3 克；有规律的心跳；头和躯干能分辨清楚了	体重会增加 400 ~ 700 克；子宫略为增大，子宫质变软；“害喜”现象越来越明显
第 7 周	胚胎长约 1.2 厘米；手和腿的变化越来越明显；心脏每分钟可跳动 150 次	恶心、呕吐、易疲劳等反应加剧，还可能出现腹痛；会阴皮肤变深，开始出现妊娠斑
第 8 周	胚胎长约 2 厘米；头大且与身体不成比例；手指和脚趾间有少量蹼状物	乳房胀大、腰围增大；情绪波动大，可能出现乏力、恶心、呕吐、尿频、烦躁等症状
第 9 周	胎儿长约 2.5 厘米；手臂更长，手腕处有弯曲，可见脚踝；所有的神经肌肉器官开始工作，生殖器官已经在生长	准妈妈的子宫已经有拳头大，压迫膀胱造成尿频；阴道分泌物增加，容易便秘和腹泻；乳房更加胀大，乳晕和乳头颜色变暗
第 10 周	胎儿长达 4 厘米；手臂更长，肘部更弯曲；味蕾开始形成；眼睑黏合	妊娠反应还在持续；静息时心脏输血量增加；情绪多变，慵懒；乳房与腰围进一步增大
第 11 周	身长 4 ~ 6 厘米，重约 14 克；恒牙牙胚开始发育；外部生殖器形成	不适症状有所缓解；身上的胎记、雀斑都随着阴道、子宫颈颜色的加深而加深
第 12 周	身长约 6.3 厘米，已初具人形；各种器官基本形成；手指和脚趾清晰可见；四肢能活动，但动作很小	子宫底达耻骨联合上 2 ~ 3 横指；消化道的各器官随子宫增大而发生相应的移位；阴道乳白色分泌物明显增多

生活细节备忘录

POINT 1 远离不良的环境

孕早期的妈妈应避开有有害化学物质、重金属物质污染的工作或居住环境，因为这些有害物质可能会造成宝宝畸形或流产、早产等，特别是在妊娠早期，必要时可更换工作。另外，孕早期长期接触计算机也对孕妇不利，应做好防辐射的准备，或减少工作量。

POINT 2 避免和宠物亲密接触

宠物身上难免会有一些微小生物寄存，这些生物易引起人体感染。发生在孕期，则可能使宝宝神经系统受损害，使宝宝出现脑积水、无脑或视网膜异常等，所以，孕妈妈接触宠物后最好洗手或放弃收养宠物。

POINT 3 保证充足的睡眠

在怀孕早期，孕妇白天会感觉非常困倦。这种突然想睡觉的现象是由于体内孕酮水平增高造成的。孕妇可能会感到筋疲力尽，觉得自己好像得了感冒。虽然孕酮让孕妇感到困倦，但在晚上它反而会影响孕妇的睡眠，让其白天更加疲惫。孕妇所能做的就是尽量多放松、多休息，即使根本睡不着，也要学会放松和休息。身体越放松，身心协调得越好，胎儿也会发育得越好。

POINT 4 沐浴需注意

在怀孕初期，由于肚子较小，所以可以站着淋浴，但必须在浴室内设置扶手，以防滑倒。淋浴时水温不要过凉或过热，时间不要过长。水温较高，时间一长浴室或浴罩内空气逐渐减少，氧气不足，孕妇会感到胸闷、头晕、疲倦等，对胎儿也不利。沐浴用品应采用中性、无刺激性、无浓烈香味、具保湿性者，以免伤害准妈妈敏感的肌肤。当孕妇洗完澡后，要立即擦干头发及身体，将衣服（至少是贴身衣物）穿好后再走出浴室，并马上将头发吹干，预防感冒。

POINT 5 慎用风油精、樟脑丸、精油

外用药能通过皮肤被吸收，也会对孕妇产生不良反应。孕妇不能随便涂抹风油精类药油，更不能滴入口中服用，否则容易对胎儿造成损害，这对怀孕头 3 个月的孕妇危害最大。无论是风油精、清凉油，还是万金油，名字虽然不同，但同属芳香烃，樟脑、薄荷脑、桉叶油、丁香油是其主要成分。除了孕妇的皮肤吸收外，樟脑还可通过胎盘屏障，影响胎儿的正常发育，严重的还可导致畸胎、死胎或流产，所以，孕妇需慎用。

轻松应对常见不适症状

恶心、呕吐

怀孕早期恶心、呕吐是正常现象，这是因为存在人体绒毛膜促性腺激素的缘故。不同的人，妊娠反应不一样，其处理的方式也不一样。除了注意饮食外，按摩也是一种改善方式。

操作方法

内关

位于前臂正中，腕横纹上 2 寸在桡侧腕屈肌腱同掌长肌腱之间。

按摩者拇指指腹放于内关穴上，其余四指附于手臂上，力度由轻渐重，揉按 1 ～ 2 分钟。

列缺

位于前臂部，桡骨茎突上方，腕横纹上 1.5 寸处。

按摩者拇指指尖放于列缺穴上，其余四指附于手臂上，力度适中，揉按 3 分钟。

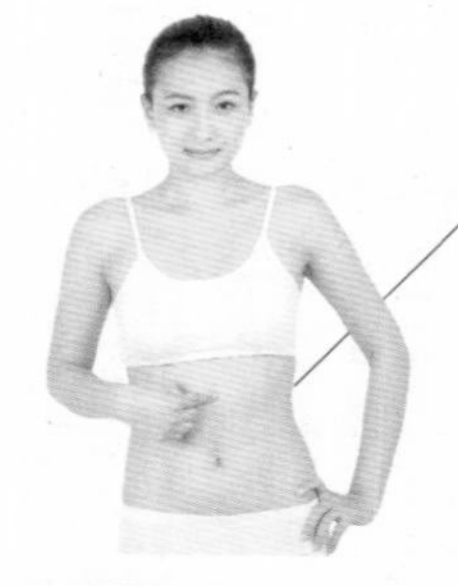

中脘

位于上腹部，前正中线上，当脐上 4 寸。

按摩者右手食指、中指、无名指并拢，指尖放于中脘穴上，以环形按揉 2 分钟，力度稍轻。

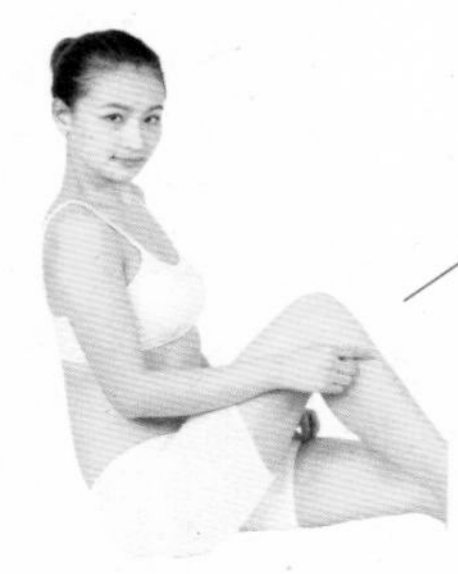

足三里

位于外膝眼下 3 寸，距胫骨前嵴 1 横指。

按摩者用大拇指指尖放于孕妇下肢足三里穴上，微用力压揉 3 分钟。

倦怠疲乏

怀孕初期孕妇容易疲倦，这是因为怀孕后身体的代谢速率提高了 20%，劳累程度介于疲劳到精疲力尽之间，条件允许的话可在白天或晚上多休息下。倦怠出现后，准妈妈最好不要与此抗争，也不要太紧张，随着妊娠的加深，会逐渐恢复。怀孕几周后，若感到疲劳加重，最好到医院检查血液，确定是否贫血，若有则需补铁治疗。

孕早期便秘

怀孕后，孕激素会使肠蠕动减慢。增大的子宫压迫胃肠道，会使消化功能下降。此外，妊娠后，大量进食的高蛋白、高脂肪食物，也会使得胃肠道内的纤维素含量不够，不利于食糜和大便的下滑，导致便秘。缓解孕早期便秘可从以下几个方面入手：①多补充水分。体内水分如补充不足，便秘就会加重。孕妇每日至少喝1000毫升的水。②充足睡眠，适量运动。多运动可促进胃肠蠕动，睡眠充足、心情愉快也可减轻便秘。③切忌忍着不排便。即一有便意就去厕所排便，避免粪便积存过久。④三餐饮食正常，多吃含纤维素的食物，比如糙米、新鲜蔬果等，少吃辛辣食物。⑤养成每日定时排便的习惯。

乳房肿胀

乳房肿胀通常从4～6周开始，持续整个孕早期（孕期前3个月里）。从怀孕8周左右起，孕妇的乳房就会开始变大，并且它们会在整个孕期不断增大。胸罩增加一两号是很正常的事，尤其是在第一次怀孕的时候。由于乳房皮肤被拉伸，孕妇可能会感觉到乳房发痒，甚至出现妊娠纹。在怀孕的第3个月左右，乳房开始产生初乳。乳房胀痛是正常生理现象，若是痛得厉害，可以用一些方法来缓解症状：①选择合适的胸罩。根据乳房大小选择适当的胸罩以减轻胀痛的感觉，且质地要柔软，乳头附近没有缝线的棉质胸罩会比较舒服，透气性也好。②热敷。可用柔软的热毛巾进行热敷、轻轻擦拭等，以缓解乳房的不适感。

牙龈出血

孕期激素水平的改变，是导致牙龈松软、肿胀的主要原因。由于体内雌激素、孕激素增多，使牙龈毛细血管扩张、弯曲，弹性减弱，以致血流淤滞及血管壁渗透性增加，出现牙龈浮肿、脆软，牙齿之间的龈乳头更明显，呈紫红色突起，轻轻一碰，就会出血。当孕妇缺乏维生素C时，症状更严重，医学上称作“妊娠期牙龈炎”。出现此情况后，孕妈妈千万不要着急，这些情况都是可以避免或减轻的。应做到：①养成每日早晚正确刷牙、饭后漱口的好习惯。②每次进食后都用软毛牙刷刷牙，刷时注意顺牙缝刷，尽量不碰伤牙龈，不让食物碎屑嵌留。③每天按摩牙龈三次，挑选质软、不需多嚼和易于消化的食物，以减轻牙龈负担，避免损伤。

尿 频

怀孕早期，由于增大的子宫压迫膀胱会引起尿频的症状。孕早期，孕妇体内的血液及其他液体量增加，导致更多的液体经过肾脏处理后排入膀胱，成为尿液。出现频尿状况时，请孕妈妈在产检时告知医师，应诊断确认不是膀胱炎所引起的。其他情况下，尿频一般会在孕中期得到改善。此外，孕妈妈需注意“千万不要憋尿”，若一直没有将膀胱排空，会引发膀胱输尿管逆流的现象，甚至泌尿道感染，对孕妇和胎儿都非常不利。

为宝宝开拓未来

联想胎教法

怀孕的第2个月，是胎儿各器官进行分化的关键时期，孕妇可用意念胎教的方法使胎儿发育得更完善。最常用的是脑呼吸法。具体做法：首先熟悉脑的各个部位的名称和位置，闭上眼睛，在心里按次序感觉大脑、小脑、间脑的各个部位，想象脑的各个部位并叫出名字，集中意识。刚开始做脑呼吸时，先在安静的气氛下简短做5分钟，熟悉方法后，可逐渐增加时间。

情绪胎教法

孕妇的情绪不仅可以影响到孕妇本人的身心健康，还对胎儿的发育产生深刻的影响。怀孕第2个月应当继续树立“宁静养胎即教胎”的观点，在整个怀孕期间确保自身的情绪乐观稳定，切忌大悲大怒，力求始终保持平和的心态。总之，尽量做一些令自己愉快的事情，使心情舒畅，才会对宝宝有利。适当听听音乐、散步也是调节情绪的好方法。

抚摩胎教法

胎儿受到母亲双手轻轻地抚摩之后，亦会引起一定的条件反射，从而激发胎儿活动的积极性，形成良好的触觉刺激，通过反射性躯体蠕动，促进其大脑功能的协调发育。孕妇每晚睡觉前宜先排空尿液，平卧在床上，放松腹部，再用双手由上至下，从右向左，轻轻地抚摩胎儿，每次持续5～10分钟。但应注意动作要轻柔，切忌粗暴。

锻炼 & 情绪

▶ 卧姿收缩骨盆

动 作：

1. 仰卧，屈膝，双脚平放在地面，分开比髋部小，双臂放松。

2. 轻轻抬高耻骨，感觉后腰与地面略有接触。收紧腹肌，数6下，始终保持呼吸。有控制地放松，然后按提示的强度指标重复。（感觉腹部向脊椎凹进；臀部放松并贴住地板；屈膝，双脚平贴地面）

强度指标：

和缓——每一侧腿8次，做2套；
适中——每一侧腿16次，做2套；
激烈——每一侧腿16次，做3套。

运动效果：保持背部正确的姿势，锻炼腹部。

Tips:

要保证背部始终接触地面。因为在放松骨盆时，你可能不自觉地使脊椎后弓，从而引起背痛。

卧姿提升腹部

动作：

1. 如果你觉得舒服的话，俯卧，头转向一侧，颊置于手上，放松腹部。（腿伸长并放松）

2. 把腹部抬高离地，向脊椎方向收缩腹部，不要收缩臀部或骨盆。保持身体放松，数6下。然后有控制地放松，使腹部贴住地面。始终保持呼吸，按提示的强度指标继续。（不要挤压臀部；感觉腹部向背部抬起，并凹进）

强度指标：

和缓——每一侧腿8次，做2套；
适中——每一侧腿8次，做2套；
激烈——每一侧腿8次，做2套。

运动效果：增强腹肌，有助于支撑胎儿及孕妇的背部。

Tips:

在做此动作时，为了减少乳房的压力，孕妇可能会使胸部离开地面。要避免这样做，因为这会使孕妇的背过分弓起。如果俯卧觉得乳房不适，可以用四肢着地的方式做此动作。双手置于肩下方，颈与背成直线，腹部向脊椎收缩。持续片刻，然后有控制地放松。

调适不安情绪

怀孕初期，心情难免有所起伏。一是体型改变，出现妊娠反应，身体变得不舒服，二是面对当妈妈的未知困惑，承受一定的压力，都会使得孕妈妈产生烦躁、不稳定的情绪。这些情绪不仅对自身造成影响，而且还会影响胎儿的身心发育。那么，怀孕早期到底该如何保持轻松愉快的心情呢？

1 做使心情愉快的事

如邀几个朋友一起到郊外走走，看看电影（如轻松愉快的喜剧片等），跟朋友聊聊自己的烦心事，都可以起到舒缓减压，消除烦躁情绪，保持心情愉快的作用。

2 做针线活

做针线时人的思想会非常集中，全身血液流动平静而且缓和，非常有利于孕妈妈和胎宝宝的身心健康，如近年流行的十字绣，或提前为宝宝缝制可爱的衣服。

3 听舒缓的音乐

音乐对心情的调适作用是显而易见的，尤其是一些舒缓的钢琴曲或自然曲目等，孕妇常听音乐，既有助于心情的放松，又有利于胎儿的发育。

吃出健康“孕”味

合理补充营养素

1. 孕早期需要重点补充的营养素

孕 1 ~ 4 周：重点补充叶酸。可适当进食莴苣、菠菜、油菜等绿色蔬菜；橘子、草莓、猕猴桃等新鲜水果；猪肝、牛肉、羊肉、鸡肉、蛋黄、豆类、核桃、腰果、栗子、杏仁、松子等。

孕 5 ~ 8 周：重点补充多种维生素。孕早期正是胎儿脑及神经系统迅速分化的时期，所以，孕妈妈要注意补充多种维生素，尤其是叶酸、维生素 B_2、维生素 B_6 等，可多吃一些蔬菜和水果。另外，增加富含纤维素的食品，如新鲜蔬菜等，防止便秘。

孕 9 ~ 12 周：需要补充优质蛋白、钙、锌、植物脂肪，故应多吃富含上述成分的食品，如肉类、鱼虾类、蛋类及豆制品，同时多吃一些蔬菜和水果，补充维生素。

2. 需要补充的其他营养素

钙质：牛奶、蛤蜊、小鱼干、苋菜、发菜、黄豆、黑豆、黑芝麻等食物都含有丰富的钙质。足够的钙质可以预防孕妇紧张、头痛、腿部抽筋、失眠、蛀牙等症状，还能避免胎儿的骨骼及牙齿发育不良。

铁质：铁能够帮助孕妇预防贫血，避免胎儿营养不良。蛋黄、肉类、肝脏、绿色蔬菜、全麦面包、五谷类等都含有丰富的铁，孕妇可以多吃这些食物。

碘质：碘是孕妇不可缺少的营养物质，胎儿的大脑和骨骼发育都需要充足的碘。碘充足可以促进胎儿的智力和体格发育。怀孕期间孕妇需要摄入比平常多 30% ~ 100% 的碘，即每天需摄入 175 ~ 200 微克的碘才能满足身体的需求。碘一般通过饮食来补充即可。孕妇可适当进食一些含碘丰富的食物，例如海带、紫菜、海鱼以及其他海产品，每周食用一次即可满足需要。

饮食原则

1

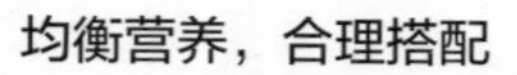

均衡营养，合理搭配

怀孕早期饮食宜应均衡营养，避免营养不良或营养过剩。在营养全面、合理搭配的基础上再适当补充钙、铁、铜、维生素 A，其主要来源是红绿色蔬菜、鱼、蛋、动物内脏、鱼肝油等。

保证热量、蛋白质、脂肪酸的供给

女性在怀孕期间由于胎儿、胎盘以及自身体重增加和基础代谢增高等的影响，需要摄入充足的热量。世界卫生组织建议女性怀孕早期每日增加热量 150 千卡。蛋白质是人体重要的物质基础。胎儿需要蛋白质构成自己的身体组织，孕妇需要蛋白质供给子宫、胎盘及乳房的发育。因此，孕妈妈应从膳食中摄入充足的优质蛋白，每天不少于 70 克。孕妈妈脂肪酸供给不足，可导致胎儿大脑发育异常，出生后智商下降，所以，需要补充脂肪酸。孕妈妈常吃些核桃、芝麻、花生和瓜子等坚果，能补充不饱和脂肪酸、磷脂、蛋白质、微量元素等多种营养素。

3

饮食宜清淡可口、易消化

孕吐是孕早期的正常生理反应，准妈妈可有选择性地食用清淡可口、富于营养又容易消化的食物，可多进食能开胃健脾的食物，如苹果、枇杷、石榴、白豆、赤豆、鸭蛋、鲈鱼、白萝卜、白菜、冬瓜、淮山、红枣等。

少量多餐

此阶段孕妇食欲不佳，饮食上应遵循少量多餐的原则。多喝水、多吃蔬菜和水果，吃些清淡可口、量少质精的食品，想吃就吃，想吐就吐，尽量保障每日热量的基本供应。

多吃保胎食物

日常饮食中可多食些补血养血、补中益气、养胎安胎的食物，如小米、胡萝卜、鸡蛋、鱼、草莓等。另外，叶酸可防治胎儿脑神经管缺陷，可多进食菠菜、小白菜、牛肉等含叶酸丰富的食物。

饮食禁忌

1 忌高脂肪、高糖饮食，不宜盲目补钙、过度咸食，否则易引发妊娠高血压综合征。

2 忌滥服温热补品，谨防霉变食品中毒，忌饮酒饮茶，以免影响胎儿发育及出生后的智力。

3 慎食热性和寒性食物。热性食物食用后容易上火；寒性食物容易导致滑胎。如螃蟹、乌鱼、章鱼、马齿苋、枸杞头、芦蒿、龙眼、山楂等都不宜吃。

孕早期科学食谱推荐

陈煮鱼

原料： 鲳鱼块750克，去皮白萝卜200克，葱段、姜片、香菜各少许

调料： 鸡粉3克，盐5克，白胡椒粉6克，料酒5毫升，食用油适量

做法

1. 白萝卜切丝；洗净的鲳鱼块倒入碗中，放适量盐、料酒、白胡椒粉，腌渍10分钟。
2. 热锅注油烧热，倒入腌好的鲳鱼块，煎至两面微黄色，倒入葱段、姜片，爆香，注入500毫升清水，倒入白萝卜。
3. 大火煮开后转小火煮10分钟，加入盐、鸡粉、白胡椒粉，充分拌匀至食材入味。
4. 关火，将煮好的汤料盛入碗中即可。

白萝卜具有清热去火、开胃消食、养心润肺等功效，适合早孕反应明显的孕妈妈食用。

鸡肉卷心菜圣女果汤

原料：包菜50克，鸡肉50克，圣女果70克，芝士粉5克

调料：胡椒粉3克，盐2克

做法

1. 洗净的圣女果对半切开，再对切；处理好的卷心菜切成小块；处理好的鸡肉切片，再切条，剁成末。
2. 将卷心菜、圣女果、鸡肉末倒入碗中，加入胡椒粉、盐，注入适量的凉开水，用保鲜膜将碗口盖住。
3. 备好微波炉，打开炉门，将食材放入，关上炉门，启动机子微波3分30秒。
4. 待时间到打开炉门，将食材取出，揭去保鲜膜，撒上芝士粉即可。

小叮咛

鸡肉肉质细嫩，滋味鲜美，适合多种烹调方法，并富有营养，孕妈妈常食可滋补养身。

鸡翅烧豆角

原料：鸡翅200克，豆角150克，干辣椒2克，香叶1克，姜片、葱段各少许

调料：盐2克，鸡粉、白糖各3克，生抽、料酒、食用油各适量

做法

1. 洗净的豆角切段；取一碗，倒入鸡翅，淋入料酒，加入生抽，拌匀，腌渍30分钟。
2. 用油起锅，放入鸡翅，煎约2分钟至两面金黄色，倒入姜片、葱段，拌匀。

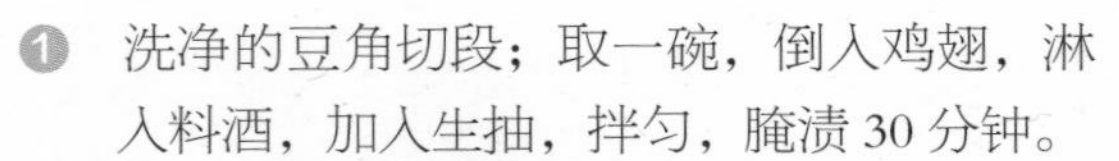

3. 加入干辣椒、香叶，拌匀，放入豆角，拌匀，淋入料酒，注入适量清水。
4. 加入适量盐、白糖、生抽，拌匀。
5. 加盖，中火焖20分钟至熟；揭盖，放入鸡粉，拌匀。
6. 关火后将烧好的菜肴盛入盘中即可。

小叮咛

鸡翅含有不饱和脂肪酸、维生素D、及磷、铁、铜、锌等营养成分，能够增强体质，适合准妈妈食用。

原料： 猕猴桃50克，鸡蛋1个，牛奶50毫升

调料： 白糖7克，生粉15克，水淀粉、食用油各适量

猕猴桃含有维生素A、维生素C以及钾、镁等营养成分，搭配鸡蛋作为小食食用，爽口美味，营养全面。

1. 将洗净去皮的猕猴桃切开，再切成片。
2. 将牛奶和猕猴桃倒入容器中，搅拌匀，制成果汁待用。
3. 将备好的鸡蛋打入碗中，搅拌匀。
4. 加入白糖、水淀粉，搅拌至白糖溶化，撒上生粉，搅拌匀，制成鸡蛋糊。
5. 煎锅中注入少许食用油烧热，倒入备好的鸡蛋糊，摊开，压平，小火煎出焦香味，至两面熟透。
6. 关火后盛出鸡蛋饼，待冷后倒入果汁，再卷起鸡蛋饼呈圆筒形。
7. 将鸡蛋饼切成小段，摆放在盘中即成。

猕猴桃蛋饼

菊花茄子

原料： 茄子185克，肉末100克，姜末、葱花各少许，红椒粒35克

调料： 盐、鸡粉、白胡椒粉各2克，料酒5毫升，食用油适量

做法

1. 洗净的茄子切成等长段，在其一端切上细密的十字花刀。
2. 肉末中加入盐、鸡粉、白胡椒粉、料酒，拌匀，腌渍10分钟。
3. 电蒸锅注水烧开，放入茄子，蒸10分钟，取出。将茄子散开呈菊花状，放上肉末，放入电蒸锅中，蒸5分钟后取出，撒上葱花、姜末、红椒粒，待用。
4. 热锅注油烧热，将烧好的油淋在茄子上即可。

茄子含有胡萝卜素、维生素C、维生素E等成分，可使孕妇血液中的胆固醇水平维持健康状态。

香蕉粥

原料： 去皮香蕉 250 克，水发大米 400 克

做法

1. 洗净的香蕉切丁。
2. 砂锅中注入适量清水烧开，倒入大米，拌匀。
3. 加盖，大火煮 20 分钟至熟。
4. 揭盖，放入香蕉。
5. 加盖，续煮 2 分钟至食材熟软。
6. 揭盖，搅拌均匀；将煮好的粥盛出，装入碗中即可。

小叮咛

香蕉不要煮太长，否则会使其过于熟烂，失去原有口感；同时可根据孕妇口味，适量加点糖。

香蕉玉米豌豆粥

原料： 水发大米 80 克，香蕉 70 克，玉米粒 30 克，豌豆 55 克

做法

1. 香蕉去皮，切条形，改切成丁，备用。
2. 砂锅中注入清水烧开，倒入洗好的大米，搅拌匀；放入洗净的玉米粒、豌豆，拌匀。
3. 盖上盖，烧开后转小火煮约 30 分钟，至食材熟软；揭盖，倒入香蕉，拌匀。
4. 关火后盛出煮好的粥即可。

小叮咛

玉米及豌豆都富含膳食纤维，可帮助消化吸收，润肠通便，孕早期准妈妈食用，对肠道健康有益。

冬瓜雪梨谷芽鱼汤

原料： 冬瓜200克，雪梨150克，草鱼250克，谷芽5克，水发银耳80克，姜片少许，隔渣袋2个

调料： 盐2克，食用油适量

小叮咛

冬瓜不宜切太薄或太厚，太薄容易煮烂，太厚不易入味；煮鱼时可放点橘皮去腥，以免影响孕妇的食欲。

做法

1. 雪梨去核切块，冬瓜切块，草鱼切块。
2. 热锅注油，放入草鱼块，油炸至两面金黄色，关火，取出炸好的草鱼块，装入盘中备用。
3. 取出隔渣袋，放入草鱼块，用绳子系好。
4. 砂锅中注入适量清水，倒入冬瓜、雪梨、姜片、谷芽、银耳、隔渣袋，拌匀。
5. 加盖，大火煮开转小火煮至析出有效成分。
6. 揭盖，加入盐，拌匀调味。
7. 关火后将煮好的汤水盛入碗中。
8. 取出隔渣袋，倒出草鱼块，放入装有汤水的碗中即可。

香菇牛柳

原料：芹菜 40 克，香菇 30 克，牛肉 200 克，红椒少许

调料：盐、鸡粉各 2 克，生抽 8 毫升，水淀粉 6 毫升，蚝油 4 克，料酒、食用油各适量

做法

1. 香菇切成片；芹菜切成段；洗净的牛肉切成片，再切成条。把牛肉条装入碗中，放入少许盐、料酒、生抽、水淀粉，搅拌均匀。
2. 淋入少许食用油，腌渍 10 分钟至其入味。
3. 锅中注入适量清水烧开，倒入香菇，略煮片刻，捞出，沥干水分，待用。
4. 热锅注油，倒入牛肉，炒匀；放入香菇、红椒、芹菜，翻炒匀。
5. 加入少许生抽、鸡粉、蚝油、水淀粉，翻炒片刻至食材入味。
6. 关火后将炒好的菜肴盛入盘中即可。

小叮咛

香菇含有蛋白质、叶酸、膳食纤维等营养成分，孕早期食用，对防止胎儿神经管畸形有益。

鸡丁炒鲜贝

原料： 鸡胸肉180克，香干70克，干贝85克，青豆65克，胡萝卜75克，姜、蒜、葱各少许

调料： 盐5克，鸡粉3克，料酒4毫升，水淀粉、食用油各适量

做法

1. 香干、胡萝卜切丁；鸡胸肉切丁装碗，加盐、鸡粉、水淀粉、食用油，腌至入味。
2. 开水锅中加盐、青豆、油、香干、胡萝卜、干贝，略煮后捞出；油锅中爆香葱、姜、蒜。
3. 倒入鸡肉、料酒，炒香，放入焯好的食材，加盐、鸡粉，翻炒均匀即可。

鸡肉入锅炒制时，宜大火快炒，以免鸡肉过老，影响成品的鲜嫩口感。

葡萄干苹果粥

原料： 去皮苹果200克，水发大米400克，葡萄干30克，冰糖20克

做法

1. 洗净的苹果去核，切成丁。
2. 砂锅中注入适量清水烧开，倒入大米，拌匀。
3. 加盖，大火煮20分钟至熟；揭盖，放入葡萄干、苹果，拌匀。
4. 加盖，续煮2分钟至食材熟透；揭盖，加入冰糖，搅拌至冰糖溶化。
5. 关火后将煮好的粥盛出，装入碗中即可。

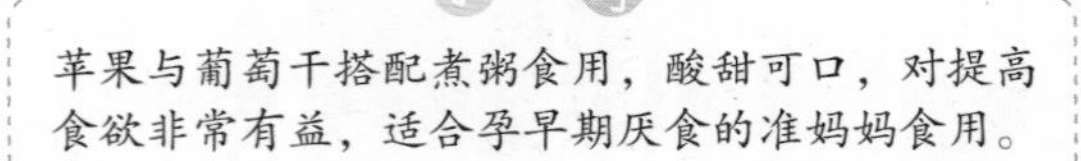

苹果与葡萄干搭配煮粥食用，酸甜可口，对提高食欲非常有益，适合孕早期厌食的准妈妈食用。

福寿四宝虾球

原料： 虾仁 300 克，黄瓜 70 克，蟹柳 15 克，白果仁、松仁各 30 克，玉米粒 50 克，水发枸杞 10 克，葱段、姜片各少许

调料： 鸡粉 1 克，盐、胡椒粉各 2 克，料酒、水淀粉各 6 毫升，芝麻油 5 毫升，食用油适量

做法

1. 黄瓜去籽，切块；蟹柳斜刀切块。
2. 虾仁装碗，加入少许盐、料酒、胡椒粉、水淀粉，拌匀，腌渍 10 分钟至入味。
3. 沸水锅中倒入玉米粒、白果仁、黄瓜、蟹柳、枸杞，汆烫至食材断生，捞出待用。
4. 用油起锅，放入葱段和姜片，爆香，倒入松仁、虾仁，炒约 20 秒，倒入汆过水的食材，翻炒均匀。
5. 加入料酒、盐、鸡粉、水淀粉，炒匀至收汁，淋入芝麻油，关火后盛出装盘即可。

此道膳食营养开胃，富含蛋白质、钙、磷等营养元素，易于孕早期的准妈妈消化吸收。

猴头菇扒上海青

原料： 上海青 200 克，水发猴头菇 70 克，鸡汤 150 毫升，姜片、葱段各少许

调料： 盐 3 克，料酒 5 毫升，水淀粉 4 毫升，胡椒粉、食用油各适量

做法

1. 上海青切成瓣，猴头菇切成片。
2. 锅中注水烧开，加入盐、食用油，倒入上海青，汆至断生；再将猴头菇倒入锅中，煮至其断生，捞出。
3. 把上海青摆入盘中；用油起锅，倒入姜片、葱段，爆香。
4. 倒入焯过水的猴头菇，淋入料酒，倒入鸡汤，煮至沸。
5. 加盐、胡椒粉，淋入水淀粉，快速翻炒均匀。
6. 将炒好的猴头菇盛出，放在上海青上即可。

猴头菇要泡发至如豆腐般软烂，其营养成分才会充分析出；如果泡发不充分，烹调的时候很难煮软。

芦笋萝卜冬菇汤

原料：去皮白萝卜90克，去皮胡萝卜70克，水发冬菇75克，芦笋85克，排骨200克

调料：盐、鸡粉各2克

做法

1. 白萝卜、胡萝卜分别切滚刀块；芦笋切段；冬菇去柄，切块。
2. 沸水锅中倒入排骨，汆烫一会儿至去除血水和脏污，捞出，沥干，待用。
3. 砂锅注水，倒入汆好的排骨，放入白萝卜块、胡萝卜块、冬菇块，搅拌均匀，大火煮开后转小火续煮至食材熟软。
4. 倒入切好的芦笋，搅匀，加盖，续煮30分钟至食材熟透，揭盖，加入盐、鸡粉，搅匀调味。
5. 关火后盛出煮好的汤，装碗即可。

小叮咛

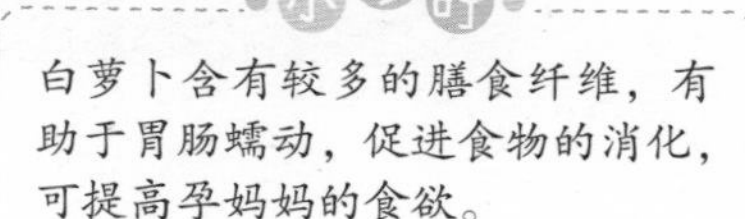

白萝卜含有较多的膳食纤维，有助于胃肠蠕动，促进食物的消化，可提高孕妈妈的食欲。

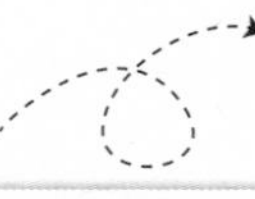

香蕉猕猴桃汁

原料：香蕉120克，猕猴桃90克，柠檬30克

调料：糖适量

做法

1. 将去皮洗净的香蕉切小块，柠檬切成块。
2. 将猕猴桃去皮洗净，切成小块，备用。
3. 取榨汁机，选择“搅拌”刀座组合倒入切好的水果，注入少许纯净水，选择“榨汁”功能，榨取果汁。
4. 揭开盖，断电后倒出榨好的果汁，装入杯中即成。

猕猴桃酸甜的口感能增进准妈妈的食欲，而且猕猴桃含有丰富的维生素，可提高机体免疫力。

黑芝麻拌莴笋丝

原料：去皮莴笋200克，去皮胡萝卜80克，黑芝麻25克

调料：盐、鸡粉各2克，白糖5克，醋10毫升，芝麻油少许

做法

1. 洗好的莴笋、胡萝卜分别切丝。
2. 锅中注水烧开，放入切好的莴笋丝和胡萝卜丝，焯煮至断生，捞出，装碗。
3. 碗中加入部分黑芝麻，放入盐、鸡粉、糖、醋、芝麻油，拌匀；将拌好的菜肴装在盘中，撒上少许黑芝麻点缀即可。

焯好的莴笋和胡萝卜过一下冷水，吃起来口感更爽脆，且莴笋怕盐，烹制时，少放些盐。

荷兰豆炒牛肉

原料： 荷兰豆 180 克，牛肉 250 克，青椒、红椒各 50 克，姜片、蒜末、葱段各 10 克

调料： 盐、味精、料酒、水淀粉、食用油、蚝油、白糖、生粉、酱油各适量

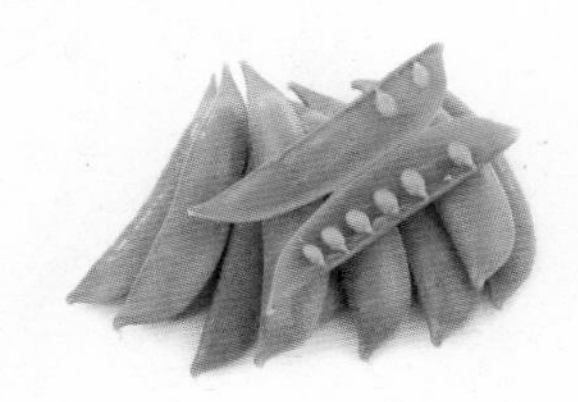

做法

1. 青椒、红椒去籽，切片；去筋的荷兰豆切去两头；牛肉切片，放入碗中。
2. 加生粉、酱油、盐、味精，再加水淀粉抓匀，淋入食用油，腌渍片刻。
3. 锅中注油烧热，倒入腌渍好的牛肉，滑炒片刻，捞出。
4. 锅底留油，放入蒜末、姜片、葱段，爆香，倒入荷兰豆，加入青椒、红椒，炒匀。
5. 淋入料酒，炒匀，倒入滑油后的牛肉，加蚝油、盐、味精、白糖，炒匀至熟透。
6. 将炒好的食材盛入盘中即可。

荷兰豆能益脾和胃、和中下气，有助于孕早期准妈妈对牛肉中优质蛋白和锌等营养物质的吸收。

家常鱼头豆腐汤

原料：香菇块 10 克，冬笋块 20 克，豆腐块 300 克，鱼头 250 克，葱段、姜片各少许，高汤适量

调料：盐、鸡粉各 2 克，胡椒粉、食用油各适量

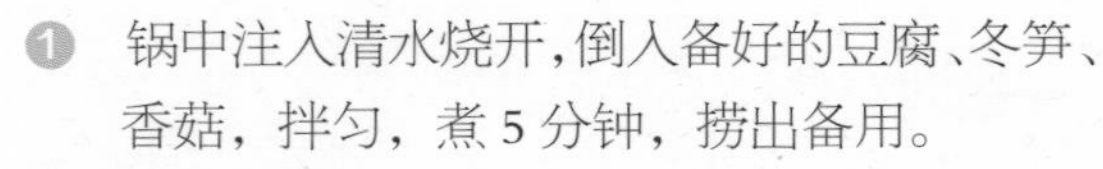

1. 锅中注入清水烧开，倒入备好的豆腐、冬笋、香菇，拌匀，煮 5 分钟，捞出备用。
2. 用油起锅，放入姜片，爆香。
3. 放入鱼头，煎至鱼头两面呈现金黄色，倒入备好的高汤，煮至沸。
4. 将锅内的鱼头汤倒入准备好的砂锅中。
5. 调至大火，待其煮沸后调至小火煮 25 分钟，倒入焯过水的豆腐、冬笋、香菇。
6. 放入适量盐、鸡粉、胡椒粉，搅拌至食材入味，煮沸后加入葱段，盛入碗中即可。

鱼头烹饪前用少许盐腌渍一会儿，不仅能有效去除腥味，也会使煮出的汤品鲜味更浓。

三色杏鲍菇

原料： 芥菜80克，杏鲍菇100克，去皮胡萝卜70克，蒜末、姜片、葱段各少许

调料： 盐、鸡粉各1克，生抽、水淀粉各5毫升，食用油适量

做法

1. 洗净的芥菜切段；胡萝卜切片；杏鲍菇去根部，切成片。
2. 沸水锅中倒入切好的杏鲍菇，烫1分钟，捞出待用。
3. 往沸水锅中倒入切好的胡萝卜片，氽烫数下，捞出沥干；锅中再倒入切好的芥菜，氽烫半分钟，捞出沥干，待用。
4. 用油起锅，倒入蒜末、姜片、葱段、杏鲍菇，翻炒数下，加生抽，放入胡萝卜片、芥菜，炒匀，放入盐、鸡粉，加入少许清水，淋入水淀粉，炒匀收汁，关火后盛出菜肴即可。

小叮咛

芥菜含有膳食纤维、蛋白质、维生素A等营养成分，具有解除疲劳、通便等作用，能预防妊娠便秘。

蒜香茄子杯

原料：茄子 150 克，蒜末 50 克，红椒末 10 克

调料：盐 2 克，芝麻油 3 毫升，鸡粉 2 克，生抽 8 毫升，食用油 3 毫升

做法

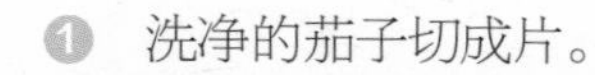

1. 洗净的茄子切成片。
2. 往备好的杯中放入茄子，浇上食用油，盖上保鲜膜。
3. 微波炉打开箱门，将杯子放入其中，关上箱门，按“2 分种”两次，表示加热 4 分钟，再按“开始”键，开始加热。
4. 待时间到，取出杯子，揭开保鲜膜，备用。
5. 备好碗，放入蒜末、红椒末，加入盐、芝麻油、鸡粉、生抽后搅拌均匀，制成调味酱。
6. 将调味酱浇在茄子上即可。

小叮咛

茄子富含维生素、钙、磷等营养成分，有抗氧化、增强免疫力等功效，能帮助孕妈妈远离早孕反应。

做法

① 洗净的西红柿表皮划上十字刀；锅中注入适量清水烧开，放入西红柿，稍用水烫一下。

② 关火后将西红柿捞出，装入盘中；剥去西红柿的表皮，待用。

③ 将黄瓜放在砧板上，旁边放置一根筷子，切黄瓜但不完全切断，用手稍压一下，使其片呈散开状，放在盘子中，备用。

④ 将剥去表皮的西红柿切成瓣。

⑤ 将切好的西红柿瓣摆放在黄瓜上面，撒上白糖即可。

茄汁黄瓜

原料：黄瓜 120 克，西红柿 220 克

调料：白糖 5 克

小叮咛

西红柿含有丰富的维生素 C 及 B 族维生素，对增进食欲、减少胃胀食积有功效。

蘑菇藕片

原料：白玉菇100克，莲藕90克，彩椒80克，姜片、蒜末、葱段各少许

调料：盐3克，鸡粉2克，料酒、生抽、白醋、水淀粉、食用油各适量

做法

1. 白玉菇去老茎，再切成段；彩椒切小块；莲藕切片。
2. 开水锅中放入少许食用油、盐。
3. 放入白玉菇、彩椒，搅匀，煮至断生，捞出。
4. 沸水锅中放入适量白醋，倒入藕片，拌匀，煮至断生，捞出。
5. 用油起锅，放姜片、蒜末、葱段；倒入白玉菇、彩椒、莲藕，炒匀，淋入适量料酒，炒香。
6. 放入生抽，炒匀，加盐、鸡粉，炒匀。
7. 倒入适量水淀粉，炒匀，盛出即可。

小叮咛

莲藕有丰富的营养，可以很好地促进胎宝宝的发育，其较高的含铁量还可以帮助孕妈妈预防孕期贫血。

牛肉炒菠菜

原料：牛肉150克，菠菜85克，葱段、蒜末各少许

调料：盐3克，鸡粉少许，料酒4毫升，生抽5毫升，水淀粉、食用油各适量

做法

1. 菠菜切长段；洗好的牛肉切开，再切薄片。
2. 牛肉片中加盐、鸡粉、料酒、生抽、水淀粉、食用油，腌渍一会儿。
3. 用油起锅，放入牛肉，炒匀，至其转色，撒上葱段、蒜末，炒香；倒入菠菜，炒至其变软，加盐、鸡粉，炒匀即可。

小叮咛

菠菜含有丰富的叶酸及多种维生素，与牛肉搭配，可为孕早期孕妈妈提供丰富的营养。

豆皮丝拌香菇

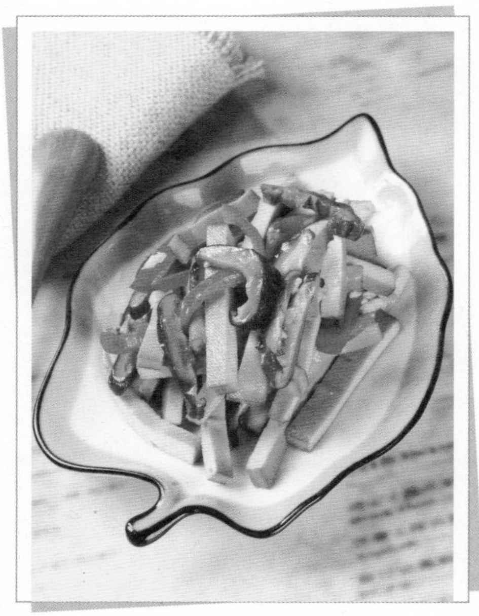

原料：香干4片，红椒30克，水发香菇25克，蒜末少许

调料：盐、鸡粉、白糖各2克，生抽、陈醋、芝麻油各5毫升，食用油适量

做法

1. 开水锅中倒入切好的香干丝、香菇丝，焯熟后捞出；碗中倒入香干，加盐、鸡粉、白糖、生抽、陈醋、芝麻油，搅匀。
2. 油锅中倒入香菇，放入蒜、红椒、盐，炒至熟，盛出；放入装香干的碗中，搅匀即成。

小叮咛

泡发香菇的水溶液有很多营养物质，所以香菇应清洗干净后再泡发，泡发的水可用来烹制菜肴。

艾叶煎鸡蛋

原料：艾叶 5 克，鸡蛋 2 个，红椒 5 克

调料：盐、鸡粉各 1 克，食用油适量

做法

1. 洗净的红椒切开去子，改切成丝。
2. 鸡蛋打入碗中，加入盐、鸡粉，搅散，制成蛋液。
3. 用油起锅，倒入蛋液。
4. 放上红椒丝、洗好的艾叶，摆放均匀。
5. 稍煎 2 分钟至成形。
6. 倒入少许油，以防止继续煎制时粘锅，略煎 1 分钟至底面焦黄。
7. 翻面，煎约 1 分钟至食材熟透；关火后盛出蛋饼，装盘即可。

小叮咛

艾叶能够补充气血、安胎、防止流产，故孕妇适合食用，但是一次的食用量不宜过多，以免产生不良反应。

原料：武昌鱼680克，蒸鱼豉油15毫升，葱段、姜片、葱丝、红彩椒丝各少许

调料：盐3克，料酒10毫升，食用油适量

武昌鱼为高蛋白、低胆固醇的食物，具有补虚、益脾、养血、健胃的功效，孕妇常食，对胎儿发育极佳。

1. 在武昌鱼两面鱼身上划一字花刀，装盘。
2. 再往两面鱼身上撒入适量盐，淋入料酒，抹匀；鱼肚里塞入葱段、姜片。
3. 用一双筷子交叉撑起武昌鱼；蒸锅中注水烧开，放入武昌鱼。
4. 加盖，用大火蒸12分钟至熟；揭盖，取出蒸好的武昌鱼。
5. 取下筷子，将武昌鱼盛入备好的盘中；往鱼身放上葱丝、红彩椒丝，待用。
6. 另起锅注油，烧至五六成热，盛出，浇在鱼身上，淋入蒸鱼豉油即可。

豉油清蒸武昌鱼

肉炒鸡腿菇

原料：鸡腿菇320克，瘦肉180克，姜片、葱段、蒜末各适量

调料：料酒10毫升，盐3克，鸡粉4克，水淀粉8毫升，白胡椒粉、食用油各适量

做法

1. 洗净的鸡腿菇切片；处理好的瘦肉切片，装入碗中，放盐、鸡粉、白胡椒、料酒、水淀粉，搅拌匀，腌渍10分钟。
2. 锅中注入适量清水烧开，倒入鸡腿菇片，煮至鸡腿菇断生后捞出，沥干水分。
3. 热锅注油烧热，放入肉丝，炒至转色，加入姜片、葱段、蒜末，爆香，淋入料酒，翻炒提鲜，倒入鸡腿菇，放入生抽，炒匀。
4. 再加入盐、鸡粉，翻炒调味，淋入水淀粉，翻炒收汁，关火后盛出菜肴即可。

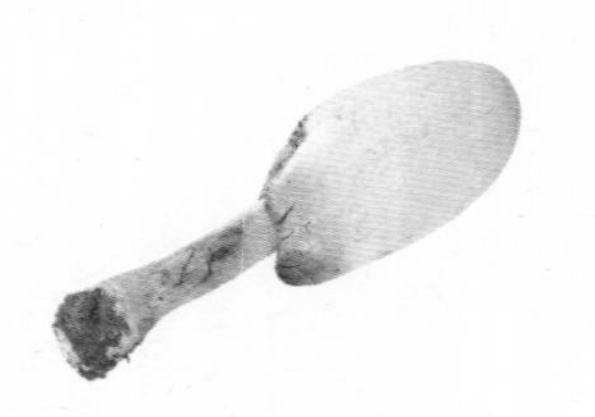

小叮咛

猪肉含有维生素 B_1、钙、磷、铁等营养成分，孕妇常食，可促进胎儿生长发育、改善孕妈妈缺铁性贫血。

冬瓜海带绿豆汤

原料： 冬瓜块 80 克，海带 50 克，水发绿豆 20 克

调料： 白糖适量

1. 锅中注入适量高汤烧开，放入洗净切好的冬瓜块。
2. 倒入洗好切片的海带和洗净的绿豆，拌匀。
3. 盖上锅盖，用中火煲煮约1小时至食材熟透。
4. 揭开锅盖，加入白糖，拌煮至白糖溶化。
5. 关火后盛出煮好的汤料，装入碗中即可。

绿豆与海带搭配有助于孕妇舒缓情绪，使其轻松愉悦。此外，冬瓜清淡爽口，对提高食欲有益。

红豆香蕉椰奶

原料：水发红豆230克，香蕉1根，椰奶、豆浆各100毫升，抹茶粉10克

调料：蜂蜜3克，椰子油8毫升

1. 香蕉剥皮，切厚片，待用。
2. 锅中注入适量清水烧开，倒入泡好的红豆，加盖，用大火煮开后转小火续煮1小时至熟软，揭盖，将煮好的红豆盛出，待用。
3. 取一碗，倒入椰奶、豆浆、蜂蜜、椰子油，放入一半抹茶粉，拌匀，放入煮熟的红豆，拌匀，制成红豆椰奶汁。
4. 将切好的香蕉片平铺在碗底，倒入红豆椰奶汁，放上剩余抹茶粉即可。

香蕉除了具有润肠通便、增强免疫力、增进食欲等功效外，还能缓解因燥热而致胎动不安。

虾仁炒上海青

原料： 上海青 150 克，虾米 30 克，葱段 8 克，姜末 5 克，蒜末 5 克

调料： 盐、鸡粉各 1 克，水淀粉 3 毫升，食用油适量

做法

1. 洗净的上海青切小瓣，待用。
2. 用油起锅，放入葱段、姜末、蒜末，翻炒出香味。
3. 放入虾米，炒出香味，倒入切好的上海青，翻炒数下至略微变软。
4. 注入少许清水，加入盐、鸡粉，炒匀调味，放入水淀粉，炒匀收汁。
5. 关火后盛出炒好的菜肴，摆盘即可。

这道菜肴先将葱姜蒜和虾米爆香，而后放入上海青，大火快炒数下，立马香气逼人。

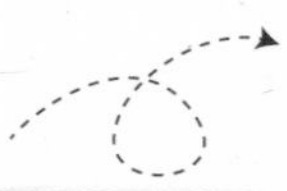

咸蛋黄茄子

原料： 熟咸蛋黄5个，茄子250克，红椒10克，罗勒叶少许

调料： 盐、鸡粉、食用油各适量

做法

1. 茄子切滚刀块；红椒切丝，改切成丁；用刀将熟咸蛋黄压扁，剁成泥。
2. 热锅注油烧热，倒入茄子，炸至微黄色，捞出沥干油，装入盘中备用。
3. 用油起锅，倒入熟咸蛋黄，加盐、鸡粉，翻炒入味，放入红椒、茄子，炒熟；关火后装盘，放上红椒、罗勒叶做装饰即可。

茄子含维生素A、B族维生素、维生素C、维生素P、脂肪、糖类以及矿物质等，可提高孕妈妈免疫力。

苹果炒饭

原料： 苹果150克，米饭300克，火腿80克，鸡蛋1个，鲜玉米粒50克

调料： 盐、鸡粉各适量

做法

1. 苹果去皮去核，再切成丁；火腿切成丁。
2. 把鸡蛋打入碗中，搅散，制成蛋液。
3. 用油起锅，倒入火腿、蛋液，翻炒匀，放入玉米粒、米饭，快速翻炒均匀。
4. 加入盐、鸡粉，炒匀调味；倒入苹果，翻炒一会儿，关火后盛出即可。

苹果具有润肠通便、美容养颜的功效，是缓解妊娠反应的“健康果”。

猪肝炒花菜

原料：猪肝160克，花菜200克，胡萝卜片、姜片、蒜末、葱段各少许

调料：盐3克，鸡粉2克，生抽3毫升，料酒6毫升，水淀粉、食用油各适量

做法

1. 洗净的花菜切成小朵，洗好的猪肝切成片。
2. 把猪肝片放入碗中，加盐、鸡粉、料酒、食用油，拌匀，腌渍约10分钟至入味。
3. 锅中注水烧开，放入盐、食用油，倒入花菜，煮至食材断生，捞出，待用。
4. 用油起锅，放入胡萝卜片、姜片、蒜末、葱段，爆香。
5. 再倒入腌渍好的猪肝，翻炒至其松散、转色。
6. 倒入花菜，淋料酒，炒香；转小火，加盐、鸡粉、生抽调味。
7. 淋入水淀粉，翻炒匀，关火后盛出即成。

小叮咛

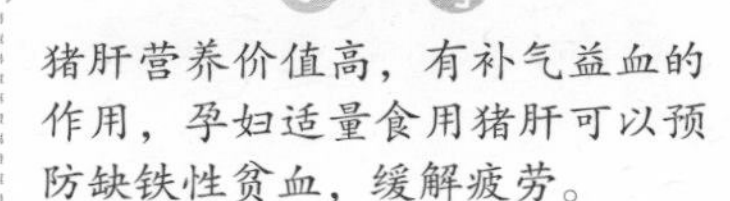

猪肝营养价值高，有补气益血的作用，孕妇适量食用猪肝可以预防缺铁性贫血，缓解疲劳。

荷兰豆炒香菇

原料：荷兰豆 120 克，鲜香菇 60 克，葱段少许

调料：盐 3 克，鸡粉 2 克，料酒 5 毫升，蚝油 5 克，水淀粉 4 毫升，食用油适量

做法

1. 荷兰豆切去头尾，洗好的香菇切粗丝。
2. 锅中注入适量清水烧开，加入少许盐、食用油、鸡粉，倒入香菇丝，搅散，略煮片刻，再倒入荷兰豆，拌匀，煮至食材断生。
3. 捞出焯煮好的食材，沥干水分，备用。
4. 用油起锅，倒入葱段，爆香，放入焯过水的荷兰豆、香菇。
5. 淋入料酒，炒匀，倒入蚝油，翻炒匀，放入鸡粉、盐，炒匀调味。
6. 倒入适量水淀粉，翻炒均匀，关火后把炒好的食材盛入盘中即可。

小叮咛

香菇含有不饱和脂肪酸、香菇多糖、维生素、矿物质等营养成分，能提高孕妈妈的机体免疫力。

红薯炒牛肉

原料： 牛肉200克，红薯100克，青椒、红椒各20克，姜片、蒜末、葱白各少许

调料： 盐4克，生抽3毫升，料酒4毫升，水淀粉10毫升，食粉、鸡粉、味精、食用油各适量

做法

1. 把去皮洗净的红薯斜刀切成片；洗净的红椒、青椒去子，切成小块。
2. 将牛肉切成片，装入碗中，加入少许食粉、生抽、盐、味精、食用油，腌渍至入味。
3. 开水锅中将红薯、青椒、红椒焯水约半分钟，捞出；将牛肉汆至转色，捞出。
4. 用油起锅，倒入姜片、蒜末、葱白，爆香，倒入牛肉、料酒，翻炒均匀，倒入红薯、青椒、红椒，加生抽、盐、鸡粉，翻炒片刻。
5. 加入水淀粉勾芡，翻炒至材料熟透；将炒好的食材盛入盘中即可。

小叮咛

牛肉的纤维组织较粗，结缔组织比较多，应横切，将长纤维切断，否则不仅没法入味，还不易嚼烂。

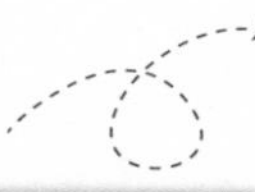

三文鱼蒸饭

原料： 水发大米150克，金针菇、三文鱼各50克，葱花、枸杞各少许

调料： 盐3克，生抽适量

做法

1. 洗净的金针菇切去根部，切成小段。
2. 洗好的三文鱼切丁，加盐，拌匀，腌渍片刻。
3. 取一碗，倒入大米，注入适量清水，加入生抽、鱼肉、金针菇，拌匀。
4. 蒸锅中注水烧开，放上碗，中火蒸40分钟至熟；取出，撒上葱花、枸杞即可。

三文鱼含有蛋白质、不饱和脂肪酸和多种维生素、矿物质，对胎儿大脑发育非常有益。

糖醋芝麻藕片

原料： 去皮莲藕300克，熟芝麻20克

调料： 盐、白糖各2克，白醋5毫升

做法

1. 洗净的莲藕切薄片，加入盐，注入适量清水，拌匀，浸泡片刻。
2. 锅中注入适量清水烧开，倒入莲藕片，加入白醋，焯煮至熟，捞出，沥干，装碗。
3. 加入盐、白糖、白醋，拌匀，使其入味；将莲藕片摆放在盘中，撒上芝麻即可。

芝麻含有丰富的蛋白质，且易被人体吸收利用，是孕妈妈补充植物蛋白的优质来源。

Part3

享受幸“孕”时刻：孕中期保健

随着时间的推移，宝宝已经度过了发育中最危险的时期，开始进入一个较为安全的阶段。孕妈妈在享受幸“孕”的同时，对孕中期的保健也同样不可小觑。

幸福二人行

时间	胎宝宝的成长	孕妈妈的变化
第 13 周	身长约 7 厘米，手指、脚趾完全分开，关节已出现雏形；条件反射能力增强	胃口一下子变得很好；出现小便频繁、便秘和腰部沉重感；乳头及外阴部色素沉着加重
第 14 周	体重比上周有所增加；内脏几乎已形成；心脏搏动更活跃；皮肤增厚	不再晨吐恶心；腹部隆起，乳房更加胀大，腿足浮肿；容易便秘和腹泻
第 15 周	身长约 10 厘米，体重达 50 克；腿比胳膊长，头发迅速生长；外生殖器可分别性别	胃口很好，食欲大增；外形特征越来越明显；阴道分泌物有所增多
第 16 周	胎儿会翻身、踢腿、舒展身姿、皱眉头、吸吮大拇指；皮肤上有一层绒毛	腹部感觉下坠，并伴有心慌、气短、便秘、下肢静脉曲张等症状；乳房比以前大而柔软
第 17 周	重约 100 克；胎儿拥有更多的头发、眉毛和睫毛，脂肪开始在皮下积聚	可以感觉到胎动；体重可能已增加了 2 ~ 4 千克；面部红润有光泽
第 18 周	眼睛移到了正确位置；肠道开始运动；指尖和脚趾上开始出现独特的指纹	体温高于正常人，腋下温度可达 36.8℃；子宫顶部出现圆形；身体负荷加重
第 19 周	有吞咽和排尿的功能；可听到声音	可明显感到胎动；可能会出现眩晕
第 20 周	重约 255 克；眉毛形成；视网膜形成，开始对光线有感应；运动能力增强	子宫有幼儿头部般大小，在脐下二指处；偶尔会感到腹部、臀部两侧或一侧疼痛
第 21 周	身长约 17 厘米；胎儿面目清楚、骨骼健全、皮肤红而皱；味蕾已经形成	容易感到疲劳，腰部疼痛；双腿水肿，足、背及内外踝部水肿，晨起较下午要轻
第 22 周	皮肤呈黄色，覆有白色滑腻物质，皮下脂肪少；恒牙的牙胚在发育	体重每周约增加 250 克；由于子宫日益增高，肺部压迫感更明显；可感受到胎动次数增加
第 23 周	身长约 20 厘米，重约 400 克；眼睛和眼皮形成；五官发育成熟；肌肉发育较快	上楼时会感到吃力，呼吸相对困难；手指、脚趾和全身关节韧带变得松弛
第 24 周	身长约25厘米，重约500克；骨骼已很结实，可看到头盖骨、脊椎、肋骨和四肢的骨骼	身体越来越沉重；容易出现口腔炎；偶尔还会有眼睛发干、白带增多、下腹疼痛等症状
第 25 周	重约 600 克；大脑快速发育；听力已经形成；神经系统发育到较好程度	腹部变得更大，下肢静脉曲张更为严重，还会有便秘、痔疮、腰酸背痛等症
第 26 周	身长约 30 厘米，重约 800 克；味觉神经、乳头形成；有呼吸动作；胎动更加频繁	子宫高度为 24 ~ 26 厘米；肚子感到分外沉重；髋关节松弛而导致步履艰难
第 27 周	会哭、会笑、会眨眼睛；视觉有所发展	子宫接近肋缘，有时会感到气短；食欲降低

生活细节备忘录

POINT 1 定期做产检

定期产检是孕期的必修课。产检，不仅是测体重、量血压、监测胎儿、了解孕妈妈的生理变化，更重要的是发现问题、解决问题，使孕妇和胎儿能顺利地度过妊娠期。孕中期，产检的频率是每 4 周 1 次。

POINT 2 保养好皮肤

孕期生理变化引起的色素斑、妊娠纹、干燥等皮肤问题，是困扰孕妈妈的难题。作为孕妈妈，除了要做好基本的护肤措施外，还需避免长时间日晒、保证足够的饮水量、坚持均衡的饮食习惯、多吃新鲜蔬果。另外，孕妈妈还可每天进行皮肤按摩，加快皮肤的血液流通和新陈代谢，使肌肤机能在产后早日恢复。

POINT 3 做好乳房保健

乳房是宝宝未来营养的源泉，也是女性性与美的象征，保护好乳房十分重要。不管是否决定使用母乳喂养，孕妈妈在第 19 ～ 20 周时，都要进行乳房护理，以防乳头破裂而导致发炎，同时矫正乳头凹陷。

妊娠期乳房逐渐变大、变重，这时可选用合适的乳罩将其托起，在睡觉或休息时则应取下乳罩，以便于血液循环。另外，孕妈妈还应注意防止乳房受外伤、挤压及感染。

妊娠 5 ～ 6 个月起，孕妈妈可每天用肥皂水和温水擦洗乳头一次，擦除乳头上的分泌物，然后涂点润肤露，以增加乳头附近皮肤的坚韧度和对刺激的耐受力，为哺乳做好准备。

POINT 4 合理选择孕期衣物

孕中期肚子开始隆起，这时候就要随着时间的变化选择不同的孕妇服了。孕妇服的选择以宽松、易穿，前面为系带或扣子的为主。

孕期变化较大的还有胸部，孕妈妈应根据乳房的大小和形状，选择无钢圈、透气性好，且罩杯的下方有较宽的松紧带的乳罩。

裤子的选择以运动裤和背带裤为宜，因为运动裤即舒适又无约束，而背带裤腹部与胯部的设计宽松流畅，背带长度也可自行调节。

鞋子的选择也是孕妇要格外注意的。在孕期不能穿高跟鞋，要穿舒适的低跟鞋，以紧口的布鞋为宜，且尽量避免穿系鞋带的鞋，鞋子的选择尤其要注重防滑。

轻松应对常见不适症状

小腿抽筋

孕中期准妈妈对钙的需求量上升，如果摄入的钙不足，则容易造成血钙浓度下降，引发小腿抽筋。在日常生活中，除了多摄入含钙及维生素 D 丰富的食物外，还可利用艾灸的方式，来缓解小腿抽筋的症状。

操作方法

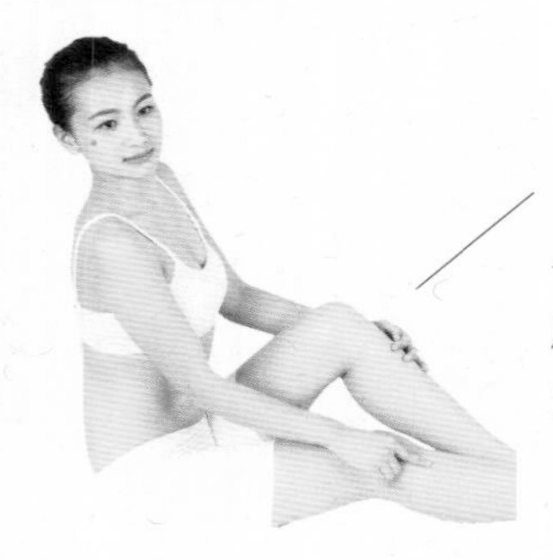

阳陵泉

位于小腿外侧，当腓骨小头前下方凹陷处。

取仰卧位，按摩者用右手大拇指放于孕妇小腿外侧的阳陵泉穴上，由轻渐重，揉按 3 ~ 5 分钟。

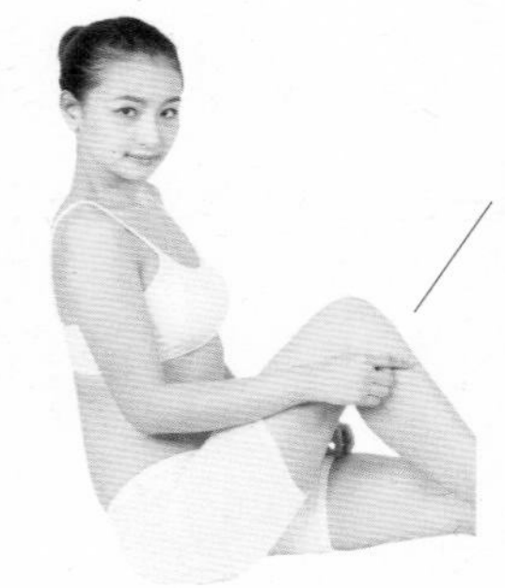

足三里

位于外膝眼下 3 寸，距胫骨前嵴 1 横指。

按摩者搓热双手手心后，迅速覆盖在孕妇足三里穴上，以顺时针的方向轻摩 50 次。

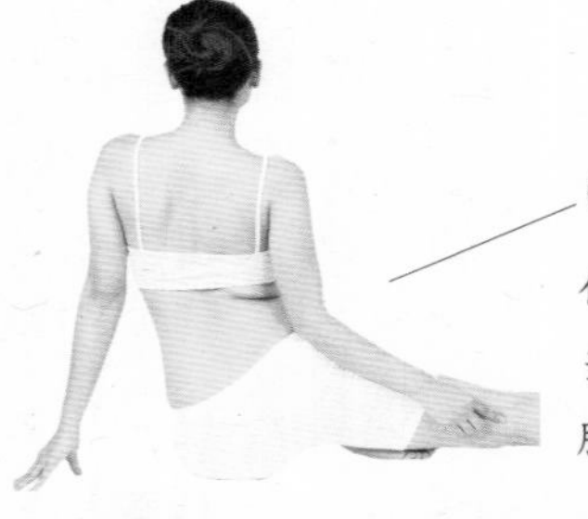

委中

位于腘横纹中点，当股二头肌腱与半腱肌肌腱的中间。

SETP 03

取坐位，按摩者用双手拇指放于孕妇两侧委中穴上，四指附于膝关节外侧，由轻渐重，按揉 60 ~ 100 次。

承山

位于小腿后正中处，委中与昆仑穴之间，当伸直小腿或足跟上提时，腓肠肌肌腹下出现尖角凹陷处。

按摩者双手拇指放孕妇的承山穴上，四指附于孕妇小腿外侧，以不觉疼痛为宜，压揉 3 分钟。

头发易干易断，出现掉发

怀孕后由于激素的变化，准妈妈的头发易干易断、易掉发，但也不必太焦虑，可尝试以下方式缓解症状：①如果头发性质变化较大，可适时更换洗发用品，选择温和、适合自己的洗发水。②使用营养品质高的护发素，以起到滋养头发的作用。③经常洗头，保持头发和头皮的清洁。④多摄入对头发有益的食物，如核桃、芝麻、瘦肉、新鲜蔬果等。

脚部肿胀、干燥

怀孕后身体负担加重，所有重量都放在脚上，因此准妈妈的双脚容易出现肿胀、干燥、疼痛等问题，所以孕期要多注意脚部护理。①用 40 ～ 45℃的温水洗脚。温水洗脚可以洗去脚部污垢、角化脱落物及微生物，使血管膨胀，促进血液循环，缓解脚部干燥的情况。②适当使用脚部护理霜，滋润脚部皮肤。③适当散步。散步时小腿肌肉的收缩能够帮助静脉血顺利返回心脏，促进新陈代谢，加强脚部血液循环。

孕期腹胀

胎儿的不断增长会使子宫压迫胃肠道，胃肠道在受到压迫后会影响其中内容物及气体的正常排解，引起腹胀。

缓解孕期腹胀，要从注意饮食、加强运动等方面入手。①少量多餐，不要一次性吃得过饱，减轻腹部饱胀感。②细嚼慢咽，多喝温开水，多补充富含纤维素的食物，如茭白、芹菜、丝瓜、莲藕、苹果、香蕉等，避免食用产气食物，如马铃薯、白萝卜等。③保持愉快的心情，多参加运动，如散步等，以促进肠胃蠕动，帮助排便、排气。

孕期便秘

孕妇容易便秘，与肠管平滑肌正常张力降低，肠胃蠕动减弱，腹壁肌肉收缩功能降低，加上饮食失调、运动量较少等有关。预防便秘，应注意以下几点：①养成定时排便的习惯，不管有无便意，在晨起、早餐后或晚睡前应按时去厕所，慢慢就会养成按时排便的习惯。②调节膳食，多摄入富含纤维素的绿色蔬菜及水果，以促进胃肠蠕动，帮助排便。③适当进行简单的运动，增强肠管运动，缩短食物通过肠道的时间。④每天早晨空腹饮一杯白开水或者凉开水，可促进肠胃蠕动。

浮 肿

一般的孕期浮肿是正常现象，多与营养不良、贫血等有关。判断是否为一般性浮肿，主要看浮肿的程度，一般超过膝盖则为异常，或者孕妇休息后浮肿还未消退，同时还伴有心悸、气短、四肢无力等症状，则需上医院检查。

缓解浮肿有以下方式：①保持侧卧的睡姿，保证充分的休息时间。②避免久坐久站，经常改换坐立姿势，步行时间适中。③注意保暖，且不穿过紧的衣服，以免影响血液循环。④穿合脚的鞋子。⑤不吃过咸的食物，每日食盐量在 5 克以内。⑥食用利尿的食物，帮助身体排出多余水分。

妊娠贫血

孕期对叶酸的需求量增加，外加孕早期的孕吐反应，使得孕妇可能出现营养不良的症状，故妊娠贫血在准妈妈中十分常见。妊娠贫血，可能会出现头昏、疲乏无力、全身水肿、心悸、气短等症状，要格外留心。

治疗孕期贫血，孕妇可适量服用一些铁剂药物，但不可长期服用，一般服药 4 ～ 6 周即可恢复正常。此外，治疗孕期贫血，食疗是最佳方法，孕期可适当多食用一些含铁元素丰富的食物，如猪肝、猪腰、瘦肉、猪血、鸡蛋、豆类等，都能有效缓解贫血症状。

为宝宝开拓未来

怀孕6个月以后，胎儿就开始慢慢有了自我的意识，能够用胎动来提示大人他的存在，这时候可以开始对胎儿进行胎教了。

音乐胎教法

音乐是胎儿所能听到的妈妈的身体以外的世界上最美妙的声音，准妈妈可以用音乐来对胎儿进行胎教。选择合适的胎教音乐，准妈妈随着音乐展开丰富的想象，胎教效果会更好。

音乐熏陶法

通过音乐的优美旋律来调节准妈妈的情绪，使准妈妈在音乐声中放松心情、调整自身的身心状态，为胎儿的生长发育创造良好的环境。

哼唱谐振法

指准妈妈用轻柔的声调对胎儿哼唱优美、轻松的歌曲，达到与胎儿心音共鸣的效果。

胎教器传声法

准妈妈在医生的指导下，用胎教器将胎教音乐传播给胎儿，让胎儿直接听到音乐。

父教子“唱”法

准爸爸抚摸着妈妈的腹部，对胎儿轻声“教唱”一些简单的音阶或儿童歌曲。

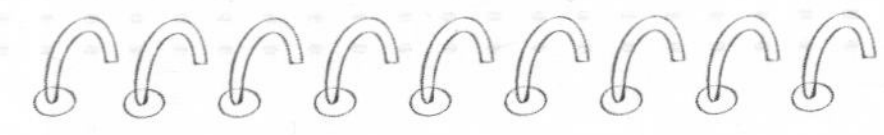

注意事项：

音量在45～55分贝之间，不宜使用耳机；胎教的音乐应明朗、轻快，音乐节奏不宜过快，音域不宜过高，不宜出现巨响。

锻炼 & 情绪

孕期有规律的锻炼能够保持孕妇良好的状态。孕期进行锻炼可以提高孕妇心肺的适应力、改善孕妇体态、增加血液循环、控制体重、减少消化道的不适、缓解肌疼痛和痉挛。

踩脚跟

动作： 双脚分立，略比髋骨宽，膝盖放松。骨盆收紧，收腹，双手叉腰，身体重心移向右脚，屈右膝，左腿向前伸出，脚跟着地，脚尖翘起，保持背部直立，肩部放松，持续1～2分钟。交替进行16～25次。

Tips:

进行此项运动时，孕妇要注意防滑，防止单脚用力时不慎摔倒。

运动效果：此动作能够促进脚部血液流通，从而带动整个身体的活力。

▶ 走步推手

动作： 挺直站立，双脚分立与肩同宽，双手置于两侧，握拳。右脚向前跨一步，屈双膝、屈双肘，把双臂带到前面；左脚往右脚旁边跨一步，双脚并拢，手肘用力向后推。保持背部挺直，肩部放松下垂。双脚朝前，收腹，换左脚重复跨步动作，臂的动作要大；右脚收回后，脚尖点地，双手举至肩高处击掌。转身，先出右脚重复。每个动作持续 30 ~ 60 秒，重复 10 次。

Tips:

双臂向前运动时，提升拉长脊椎，收紧骨盆，并且在运动过程中，适中拉直背部。

运动效果：锻炼臂部和大腿部的肌肉力度，有利于顺利分娩。

▶ 避免情绪失控

孕期的一系列变化都可能造成孕妇情绪的失控，而情绪对胎儿的发育影响非常大。保持良好的情绪，对维持孕妇和胎儿健康、促进顺利分娩非常有益。

1 深呼吸法缓解精神压力

准妈妈在怀孕期间通常有一定的精神压力，而压力过大，会使人烦躁、易怒、易疲劳且容易生病，对胎儿的发育会产生不利影响。深呼吸法是缓解精神压力的有效方法。将自己的手放在腹部，当吸气时会感到手在推自己的肚子，而当呼气时肚子将复原。深呼吸能够满足身体对氧的需求量，提高机体应急能力。

2 按摩放松情绪

按摩也是舒展情绪的有效方法，也可以让准爸爸加入其中，还能增进夫妻感情，营造良好的家庭氛围。而且一些按摩方式还能缓解妊娠期的不适症状，消除孕妇的不良情绪。

3 保持平和的心态

妊娠期间，孕妇难免兴奋，尤其是初为人母的喜悦、激素分泌增加等都会使孕妇情绪变化较大。情绪低落时，一定要及时就医，以防产前焦虑症。孕妇也要学会自我调节，如采用祈祷和想象的方法释放自己的情绪，使自己的思想和感情得到升华。

吃出健康“孕”味

合理补充营养素

1. 孕中期需要重点补充的营养素

BEST

孕 13 ~ 16 周：需重点补充蛋白质。怀孕四个月开始，孕妇与胎儿对蛋白质的需求进入快速增长期，这一个月每天摄入的蛋白质的量要比妊娠早期多 15 ~ 25 克，尤其是优质蛋白，且动物蛋白质要占全部蛋白质的一半以上。饮食中要增加肉类、奶制品、豆制品、坚果、鸡蛋的摄入量。

孕 17 ~ 20 周：重点补充钙质。胎儿五个月大的时候，骨骼、牙齿、五官、四肢都进入了快速发育期，同时也是骨骼迅速钙化的时期，准妈妈要多摄入含钙丰富的牛奶、骨头汤等，并适当摄入维生素 D，以增加身体对钙质的吸收。

孕 21 ~ 24 周：重点补充铁。这一个月，因胎儿生长与准妈妈自身血容量增加导致的缺铁性贫血的现象特别明显，所以要重点补铁。准妈妈要多吃含铁丰富的食物，如瘦肉、家禽、动物肝和血、蛋类等；此外，还应搭配食用有助于铁吸收的食物，如富含维生素 C 的水果及蔬菜。日常生活中，也应多使用铁制炊具。

孕 25 ~ 27 周：重点补充“脑黄金”。DHA、EPA 和脑磷脂、卵磷脂等物质合在一起，被称为“脑黄金”。孕第七个月，胎儿神经系统逐渐完善，全身组织尤其是大脑细胞发育速度比孕早期明显加快。孕妈妈摄入足够的“脑黄金”，能保证婴儿大脑和视网膜的正常发育，还能预防早产，防止胎儿发育迟缓，增加婴儿出生时的体重。

2. 其他需要补充的营养素

脂肪酸：孕中期，胎儿的大脑发育速度加快，不仅重量有所增加，而且脑细胞的数量也在增加，所以要多摄入磷脂和胆固醇等有利于大脑发育的脂类食物，如核桃、松子、葵花子、杏仁、榛子、花生等坚果；也可在膳食中增加花生油、豆油、玉米油的使用量。

维生素 A：维生素 A 是维持人体正常生长发育的重要元素，若准妈妈在怀孕期间缺乏维生素 A，会导致胎儿发育不良或死胎。因此要多摄入富含维生素 A 的食物，如动物肝脏、蛋黄、胡萝卜、红薯、南瓜、西红柿、柿子等。

B 族维生素：B 族维生素是孕妈妈在孕期所必需的营养素，只有供给足够才能满足机体的需要。孕期妈妈如果缺乏 B 族维生素，就会导致胎宝宝出现精神障碍，出生后易有哭闹、烦躁不安等症状。

饮食原则

避免营养过剩

孕中期孕妇的胃口变好，开始大量补充营养，但要防止营养过剩。营养过剩会造成孕妇自身出现疾病，也会对胎儿产生影响。孕中期每日补充的蛋白质不要超过100克；应多吃主食、肉类、蛋、奶制品、绿色蔬菜等，多补充膳食纤维、胡萝卜素等。

合理进食

孕期不宜吃得过饱，要少量多餐。孕中期子宫逐渐增大，常会压迫胃部，使餐后出现饱胀感，因此每日的膳食可分4～5次，每次少吃一点，避免过饥过饱。

3

饮食宜多喝粥

粥易入口、好消化，这个时期的孕妈妈可以多喝不同种类的粥，既补充身体所需的营养，又不会造成胃部压力。

进食宜细嚼慢咽

孕妈妈进食是为了充分吸收营养，保证自身和胎儿的营养需求。吃得过快或食物咀嚼得不精细，进入胃肠道后，会有相当一部分食物中的营养成分不能被身体吸收，对孕妈妈和胎儿没有好处。所以，孕妈妈进食时，应细嚼慢咽，不宜过快过多。

5

可适当食用孕妇奶粉

孕中期胎儿的生长速度加快，体重每天增约10克，骨骼开始钙化，脑发育也处于高峰期。孕妈妈可适当食用孕妇奶粉，以补充营养供宝宝的需求，但每次食用量要适度。

饮食禁忌

1 忌高盐食物

妇女在怀孕期间容易出现水肿和高血压，过咸的食物会增加患高血压、水肿的风险，所以孕妇要在合理范围内控制食盐量。

2 忌长期食用高糖食物 

孕妇适量摄入糖类物质有利于母体健康及胎儿发育，但是过量、长期食用糖类物质，会让胎儿先天畸形的发生率提高。

3 忌难以消化或易胀气的食物 

准妈妈因子宫压迫胃肠道，所以应少吃或不吃难以消化或易胀气的食物，如油炸的糯米糕、白薯、洋葱、土豆等，以免引起腹胀，使血液回流不畅，加重水肿。

孕中期科学食谱推荐

空心菜炒鸭肠

原料： 空心菜梗 300 克，鸭肠 200 克，彩椒片少许

调料： 盐、鸡粉各 2 克，料酒 8 毫升，水淀粉 4 毫升，食用油适量

做法

1. 洗好的空心菜切成小段，处理干净的鸭肠切成小段。
2. 锅中注入适量清水烧开，倒入鸭肠，略煮，去除杂质，捞出待用。
3. 用油起锅，放入彩椒片、空心菜，注入适量清水，倒入汆过水的鸭肠，加少许盐、鸡粉、料酒、水淀粉，翻炒至食材入味。
4. 关火后将炒好的菜肴盛出，装入盘中即可。

鸭肠的选择要慎重。质量好的鸭肠一般呈乳白色，黏液多，异味较轻，具有韧性，不带粪便及污物。

枸杞木耳乌鸡汤

原料： 乌鸡400克，木耳40克，枸杞10克，姜片少许

调料： 盐3克

做法

1. 锅中注入适量的清水，用大火烧开，倒入备好的乌鸡，搅拌均匀，氽去血沫，捞出乌鸡，沥干水分待用。
2. 砂锅中注入适量的清水，大火烧热，倒入乌鸡、木耳、枸杞、姜片，搅拌匀。
3. 盖上锅盖，用大火煮开后转小火煮2小时至食材熟透。
4. 掀开锅盖，加入少许盐，搅拌片刻。
5. 将煮好的鸡肉和汤盛出，装入碗中即可。

木耳含有B族维生素、多糖胶体、矿物质等成分，能促进孕妈妈消化吸收营养物质，还能预防便秘。

糯米藕圆子

原料： 水发糯米 220 克，肉末 55 克，莲藕 45 克，蒜末、姜末各少许

调料： 盐 2 克，白胡椒粉少许，生抽 4 毫升，料酒 6 毫升，生粉、芝麻油、食用油各适量

小叮咛

莲藕含有维生素、蛋白质及钙、磷、铁等成分，具有补五脏之虚、强壮筋骨、滋阴养血、利尿通便等作用。

做法

1. 将去皮洗净的莲藕剁成末。
2. 取一碗，倒入备好的肉末，放入莲藕末，再撒蒜末、姜末，搅拌匀。
3. 加盐、白胡椒粉、料酒、生抽、食用油、芝麻油，倒入少许生粉，拌匀，至肉起劲。
4. 再做成数个丸子，滚上糯米，制成生坯，装入盘中待用。
5. 蒸锅中注水烧开，将制好的生坯放入蒸盘，盖上盖，用大火蒸约 25 分钟至食材熟透。
6. 关火后揭盖，待蒸汽散开，取出蒸盘，待稍微冷却后即可食用。

肉丝黄豆汤

原料： 水发黄豆 250 克，五花肉 100 克，猪皮 30 克，葱花少许

调料： 盐、鸡粉各 1 克

做法

1. 洗净的猪皮切条；洗好的五花肉切片，改切成丝。
2. 砂锅中注水，倒入猪皮条；加上盖，用大火煮 15 分钟。
3. 揭盖，倒入泡好的黄豆，拌匀；加盖，煮约 30 分钟至黄豆熟软。
4. 揭盖，放入切好的五花肉，拌匀；加入盐、鸡粉，拌匀。
5. 稍煮 3 分钟至五花肉熟透。
6. 关火后盛出煮好的汤，撒上葱花即可。

猪皮烹制前，先用冷水反复洗泡，直至肉质松胀、猪皮发白；做菜时再将猪皮入锅煮沸后捞出浮沫，口感更佳。

小炒猪皮

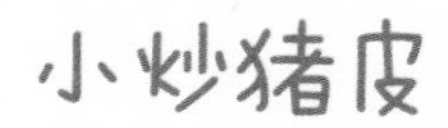

原料： 熟猪皮200克，青彩椒、红彩椒各30克，小米泡椒50克，葱段、姜丝各少许

调料： 盐、鸡粉各1克，白糖3克，老抽2毫升，生抽、料酒各5毫升，食用油适量

做法

1. 猪皮切粗丝；泡椒对半切开；青彩椒、红彩椒分别去柄，去籽，切小段。
2. 热锅注油，倒入姜丝，放入切好的泡椒，爆香，倒入切好的猪皮，加入白糖，翻炒约2分钟至猪皮微黄。
3. 加入生抽、料酒，翻炒均匀，放入切好的青彩椒和红彩椒，注入少许清水，加入盐、鸡粉、老抽，炒匀调味。
4. 倒入葱段，淋入辣椒油，翻炒均匀至入味。
5. 关火后盛出菜肴，装盘即可。

小叮咛

猪皮含有胶原蛋白、少量脂肪等营养成分，具有滋润肌肤、抗衰美容的功效，孕妈妈食用能改善肤质。

芦笋彩椒鸡柳

原料：鸡胸肉250克，红彩椒、黄彩椒各60克，去皮芦笋50克，蒜末、姜片各少许

调料：盐、胡椒粉各3克，水淀粉、料酒、生抽各5毫升，食用油适量

做法

1. 黄彩椒、红彩椒分别切去头尾，去籽，切成条；芦笋切成小段。
2. 鸡胸肉改切成条，装碗，加适量盐、料酒、生抽、胡椒粉，拌匀，腌渍10分钟。
3. 热锅注入适量的食用油，烧热，倒入鸡胸肉，炒匀，倒入蒜末、姜片，炒香。
4. 倒入黄彩椒、红彩椒、芦笋，炒匀，注入50毫升的清水，煮至食材熟软。
5. 加入盐、水淀粉，充分拌炒至食材收汁入味，关火后将炒好的菜肴盛入盘中即可。

芦笋鲜美芳香，其膳食纤维柔软可口，能增进食欲、帮助消化，孕妈妈长期食用还能预防便秘。

碧绿生鱼卷

原料：火腿45克，胡萝卜40克，水发香菇30克，生鱼肉180克，上海青100克，胡萝卜片、红椒片、姜片、葱段各少许

调料：盐3克，鸡粉2克，料酒5毫升，生粉、水淀粉、食用油各适量

1. 胡萝卜、火腿、香菇切丝，上海青对半切开。
2. 生鱼切片装碗，加盐、鸡粉、生粉，腌至入味。
3. 热水锅中加食用油，分别将胡萝卜丝、香菇丝、胡萝卜片和上海青焯煮断生，捞出。
4. 案台上撒生粉，将生鱼片裹上火腿、胡萝卜丝、香菇，制成鱼卷，放入热油锅中炸熟，捞出。
5. 锅底留油，放胡萝卜片、红椒、姜、葱，爆香。
6. 加料酒、清水、盐、鸡粉、水淀粉，调成稠汁，放入鱼卷，拌匀，盛入摆有上海青的盘中即可。

小叮咛

鱼和上海青的钙含量都十分丰富，孕中期妇女常食，能满足胎儿骨骼生长及骨骼钙化所需的钙元素。

西蓝花浓汤

原料：土豆90克，西蓝花55克，面包45克，奶酪40克

调料：盐少许，食用油适量

1. 面包、土豆切丁，焯好的西蓝花切碎，奶酪制成泥。
2. 热油锅中倒入面包丁，炸至微黄，捞出。
3. 锅底留油，倒入土豆丁，注水煮至土豆熟软，加盐调味；关火，将土豆盛入碗中，加西蓝花、奶酪泥，拌匀，倒入榨汁机中。
4. 搅拌片刻，制成浓汤，再撒上面包即成。

小叮咛

土豆含丰富的B族维生素、膳食纤维、氨基酸等营养元素，孕妇食用可促进消化、提高食欲。

糖醋藕片

原料：莲藕350克，葱花少许

调料：白糖20克，盐2克，白醋5毫升，番茄汁10毫升，水淀粉4毫升，食用油适量

1. 去皮的莲藕切片；锅中注水烧开，倒入白醋，放入藕片，焯煮至其八成熟，捞出。
2. 用油起锅，注少许清水，加白糖、盐、白醋。
3. 再加入番茄汁，拌匀，煮至白糖溶化。
4. 倒入适量水淀粉勾芡，放入焯好的藕片，拌炒匀；将炒好的藕片盛出，装盘即可。

小叮咛

白糖和白醋不宜加入太多，以免过于酸甜，掩盖住藕片本身的脆甜口感。

山药麦芽鸡汤

原料：山药 200 克，鸡肉 400 克，麦芽、姜片各 20 克，神曲 10 克，蜜枣 1 颗

调料：盐 3 克，鸡粉 2 克

做法

1. 洗净去皮的山药切块，改切成丁；洗好的鸡肉斩件，再斩成小块，备用。
2. 锅中注水烧开，倒入鸡块，搅散，汆去血水，捞出汆煮好的鸡块，沥干备用。
3. 砂锅中注水烧开，放入蜜枣、麦芽、神曲、姜片，倒入焯过水的鸡块，搅拌匀。
4. 盖上盖，烧开后用小火煮 20 分钟，至药材析出有效成分；揭开盖，放入山药丁。
5. 盖上盖，用小火续煮 20 分钟，至山药熟透；揭盖，放入少许盐、鸡粉，拌匀，略煮。
6. 关火后将煮好的汤料盛出，装碗即可。

小叮咛

此道菜品在炖煮的时候，不能过早放盐，否则会使肉中的蛋白质凝固，降低营养价值。

嫩牛肉胡萝卜卷

原料： 牛肉270克，胡萝卜60克，生菜45克，西红柿65克，鸡蛋1个，面粉适量

调料： 盐3克，胡椒粉少许，料酒4毫升，橄榄油适量

1. 洗净去皮的胡萝卜切薄片，洗好的生菜切除根部。
2. 洗净的西红柿切薄片。
3. 将牛肉切片装碗，打入蛋清，加盐、料酒、面粉，拌匀上浆，加橄榄油，腌渍10分钟。
4. 胡萝卜片加盐、胡椒粉，腌渍10分钟。
5. 煎锅置火上，倒入橄榄油，放入肉片，煎香。
6. 撒上胡椒粉，煎至七八成熟，盛出装盘。
7. 在煎香的肉片上放入西红柿、生菜、胡萝卜，卷成卷儿；依此做完余下的食材，放在盘中即成。

牛肉味道鲜美，且其蛋白质含量高、脂肪含量低，是孕妇进补的佳品。这道菜鲜嫩可口，可增进孕妇食欲。

茄子焖牛腩

原料： 茄子 200 克，红椒、青椒各 35 克，熟牛腩 150 克，姜片、蒜末、葱段各少许

调料： 豆瓣酱 7 克，盐 3 克，鸡粉 2 克，老抽 2 毫升，料酒 4 毫升，生抽 6 毫升，水淀粉、食用油各适量

做法

1. 将洗净去皮的茄子切丁，洗好的青椒、红椒切丁，熟牛腩切小块。
2. 热油锅中放入茄子丁，炸约 1 分钟，捞出。
3. 用油起锅，放姜、蒜、葱，爆香，倒入牛腩。
4. 加料酒、豆瓣酱、生抽、老抽，翻炒匀，注入适量清水，放入茄子、红椒、青椒，加盐、鸡粉，炒匀。
5. 煮约 3 分钟，至食材入味，转大火收浓汁。
6. 加水淀粉，翻炒匀，关火后盛出即可。

茄子有活血化瘀、清热消肿的功效，牛腩有较多的铁元素，故此道膳食对维持孕妇正常血液循环有益。

酱香开屏鱼

原料： 鲈鱼700克，黄豆酱30克，香葱15克，红椒10克，姜丝、红枣少许

调料： 蒸鱼豉油15毫升，盐2克，料酒8毫升，食用油适量

鲈鱼含有蛋白质、维生素A、B族维生素、钙、镁等成分，具有开胃消食、增强免疫力、补中益气等功效。

1. 摘洗好的香葱捆好切成细丝；洗净的红椒切成圈待用；处理好的鲈鱼切成小段。
2. 取一个大盘，先摆上鱼头，将红枣放入鱼嘴里；将鱼块摆成孔雀尾状，放上盐、姜丝，淋入少许料酒，待用。
3. 将蒸鱼豉油倒入黄豆酱内，搅匀成酱汁。
4. 蒸锅上火烧开，放入鲈鱼，盖上锅盖，大火蒸10分钟至熟。
5. 掀开锅盖，将鱼取出，剔去多余姜丝。
6. 浇上黄豆酱汁，放入葱丝、红椒丝。
7. 锅中注入些许食用油，烧至七成热；将热油浇在鱼身上即可。

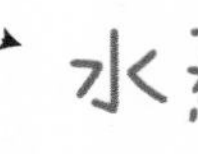

水蒸鸡全翅

原料：鸡全翅250克，葱花、姜片各少许

调料：盐2克，料酒5毫升

做法

1. 洗净的鸡全翅中加入盐、料酒，搅拌拌匀，腌渍10分钟至去腥提鲜。
2. 在腌好的鸡翅上放上姜片。
3. 电蒸锅中注入适量清水烧开，放入腌好的鸡翅。
4. 盖上盖，蒸15分钟至鸡肉熟透。
5. 揭开盖，取出蒸好的鸡翅，撒上葱花即可。

小叮咛

鸡肉本身鲜味浓，先放点盐和料酒可去腥提味，再通过蒸食来保持它的原汁原味，吃起来相当鲜香味美。

西红柿炒包菜

原料： 西红柿120克，包菜200克，圆椒60克，蒜末、葱段各少许

调料： 番茄酱10克，盐4克，鸡粉、白糖各2克，水淀粉4毫升，食用油适量

做法

1. 洗好的圆椒切成小块；洗净的西红柿切瓣；洗好的包菜切条，再切成小块。
2. 锅中注水烧开，加入食用油、盐，倒入包菜，搅散，煮至断生，捞出，沥干待用。
3. 用油起锅，倒入蒜末、葱段，爆香，放入西红柿、圆椒、包菜，翻炒片刻。
4. 放入番茄酱、盐、鸡粉、白糖，炒匀调味，淋入适量水淀粉，快速翻炒匀。
5. 关火后盛出炒好的食材，装入盘中即可。

此道菜的材料中已有西红柿，加入少量番茄酱即可；包菜炒久了会变软，影响口感，可用大火快炒。

藕片花菜沙拉

原料：花菜 60 克，莲藕 70 克

调料：白糖 2 克，白醋 5 毫升，盐、沙拉酱少许

做法

1. 洗净去皮的莲藕切薄片，待用。
2. 洗净的花菜切成小朵，待用。
3. 锅中注入适量的清水，用大火烧开，倒入切好的藕片、花菜，煮至食材断生，捞出锅中食材。
4. 将焯过水的藕片、花菜放入凉水中冷却一会儿，捞出食材，沥干水分待用。
5. 将藕片、花菜装入碗中，放入少许盐、白糖、白醋，拌匀。
6. 将拌好的食材装入盘中，挤上少许沙拉酱，放上少许圣女果装饰即可食用。

花菜质地细嫩清脆、味甘鲜美，食后极易消化吸收，非常适合食欲不佳的孕妇食用。

酱香菇肉

原料： 五花肉 300 克，鲜香菇 100 克，西蓝花 150 克，蒜末少许，甜面酱 15 克

调料： 盐 3 克，鸡粉、白糖各少许，生抽 3 毫升，料酒 4 毫升，食用油适量

做法

1. 将洗净的五花肉切开，再切薄片。
2. 锅中注水烧开，倒入西蓝花、盐、油，略煮后捞出；再倒入香菇，焯好待用。
3. 用油起锅，放入肉片，煎香，加料酒、生抽、盐，炒至入味，盛出装盘。
4. 另起锅，注油烧热，放蒜末爆香，倒入甜面酱、清水，煮沸，放香菇、白糖、鸡粉。
5. 拌匀，加盖，焖至食材熟透；揭盖，转大火收汁，关火后待用。
6. 取一盘，放入煎熟的肉片，摆上西蓝花，盛入焖熟的香菇，摆好盘即可。

孕妇若不喜欢食用五花肉，也可以用全瘦肉代替；此外，在煎肉的时候，要用中火煎，以免肉片煎老。

藕丁西瓜粥

原料：莲藕150克，西瓜、大米各200克

做法

① 洗净去皮的莲藕切成片，再切条，改切成丁。
② 西瓜切成瓣，去皮，再切成块，备用。
③ 砂锅中注入适量清水烧热，倒入洗净的大米，搅匀。
④ 盖上盖，煮开后转小火煮40分钟至其熟软；揭盖，倒入藕丁、西瓜。
⑤ 续煮20分钟，搅拌几下，关火后盛出即可。

莲藕与西瓜均清脆爽口，且西瓜具有清热利水的功效，适当食用可缓解孕中期孕妇浮肿的现象。

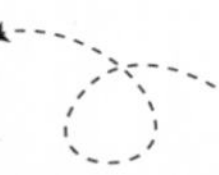

茄子沙拉

原料：茄子80克，芹菜、洋葱各50克

调料：白醋5毫升，蛋黄酱10克，盐、食用油各适量

做法

① 洗净的茄子切丁，芹菜切小段，洋葱切块。
② 热油锅中放入茄子，炸至微黄，捞出待用。
③ 锅中注水烧开，倒入芹菜、洋葱，略煮后捞出，过凉水，沥干，装入碗中。
③ 放入茄子、盐、白醋，搅拌片刻，盛入碗中，挤上蛋黄酱即可。

茄子吸油，炸好的茄子最好压一下去除多余的油分，以免菜品过于油腻，影响孕妈妈的胃口。

冬瓜陈皮海带汤

原料： 冬瓜、猪瘦肉各 100 克，海带 50 克，陈皮 5 克，姜片少许

调料： 盐、鸡粉各 2 克，料酒 3 毫升

做法

1. 将洗净的冬瓜切成小块，洗好的海带切小块，洗净的瘦肉切成丁。
2. 砂锅中注入适量清水烧开，放入陈皮、姜片、瘦肉、海带，搅匀。
3. 加入适量料酒，搅匀。
4. 盖上盖，烧开后用小火炖 20 分钟，至食材熟软。
5. 揭盖，倒入冬瓜，搅匀，用小火炖 15 分钟，至全部食材熟透。
6. 揭盖，加盐、鸡粉，搅匀调味。
7. 将煮好的汤料盛出，装入碗中即可。

陈皮能理气健脾、燥湿化痰；海带含钙、硒等人体不可缺少的营养成分，非常适合孕妇食用。

香菇炖竹荪

原料： 鲜香菇 70 克，菜心 100 克，水发竹荪 40 克，高汤 200 毫升

调料： 盐 3 克，食用油适量

1. 洗好的竹荪切成段；洗净的香菇切上十字花刀，备用。
2. 锅中注水烧开，加盐、食用油，倒入洗净的菜心，焯熟后捞出，待用。
3. 再倒入香菇、竹荪，焯熟后捞出，装碗待用。
4. 将备好的高汤倒入锅中，煮至沸，加盐，搅拌匀。
5. 把煮好的高汤倒入装有香菇和竹荪的碗中；蒸锅烧开，将碗置入其中。
6. 蒸 30 分钟至食材熟软；取出蒸碗，放入焯好的菜心即可。

香菇是高蛋白、低脂肪的营养保健食品，搭配竹荪，煮出的汤清淡鲜香，一点也不逊色于肉食菜肴。

菊花鱼片

原料：草鱼肉500克，莴笋200克，高汤200毫升，姜、葱、菊花各少许

调料：盐4克，鸡粉3克，水淀粉4毫升，食用油适量

做法

1. 去皮的莴笋切薄片，草鱼肉切成双飞鱼片。
2. 将鱼片装碗，加盐、水淀粉，腌渍片刻。
3. 用油起锅，倒入姜、葱爆香，倒入清水、高汤、莴笋片，煮至断生，加入盐、鸡粉，倒入鱼片、菊花，煮使鱼肉熟透，盛出装碗即可。

倒入鱼片后搅动不要太用力，以免将鱼肉搅碎；此外，鱼汤本身鲜味十足，烹调时不用放味精。

燕麦苹果豆浆

原料：水发燕麦25克，苹果35克，水发黄豆50克

做法

1. 洗净的苹果去皮去核，再切成小块。
2. 浸泡8小时的黄豆倒入碗中，放入燕麦、清水，搓洗干净，倒入滤网，沥干。
3. 把苹果倒入豆浆机中，放入洗好的食材，注入适量清水，至水位线即可。
4. 盖上豆浆机，开始打浆，待豆浆机运转约20分钟，即成豆浆，把豆浆倒入滤网，滤取豆浆，用汤匙撇去浮沫即可。

苹果含有维生素C、苹果酸、锌、钾等营养成分，可健胃消食，能缓解孕中期腹胀、便秘的状况。

鲜香菇大米粥

原料：水发大米 100 克，鲜香菇 50 克

调料：盐 2 克，芝麻油少许

小叮咛

香菇中含有丰富的维生素 D 原，能够促进钙的吸收，对孕中期胎儿骨骼的生长及钙化有促进作用。

做法

1. 将洗净的香菇切粗丝。
2. 砂锅中注入适量清水烧开，淋入少许芝麻油。
3. 倒入洗净的大米，放入切好的香菇，搅拌匀。
4. 盖上盖，烧开后用小火煮约 40 分钟，至食材熟透。
5. 揭盖，撒上少许盐，搅拌匀，用中火略煮。
6. 关火后盛出煮好的香菇粥，装在碗中即成。

酸脆鸡柳

原料： 鸡腿肉200克，柠檬、蛋黄各20克，橙汁50毫升，柠檬皮10克，脆炸粉25克

调料： 盐3克，水淀粉4毫升，生粉5克，食用油适量

做法

1. 洗净的鸡腿肉切成大块，待用；柠檬皮切成丝，再切成粒。
2. 将柠檬汁挤入鸡腿肉上，加入盐、柠檬皮，拌匀，腌渍半小时。
3. 在蛋液中加入少许生粉，拌匀；将腌渍好的鸡肉放入蛋液中，再粘上脆炸粉。
4. 锅中注油，烧至六成热，放入鸡肉，搅匀，炸至金黄色，捞出，沥干油，装盘待用。
5. 热锅注油，倒入柠檬皮，炒香，倒入炸好的鸡肉、橙汁，快速炒匀；关火后将炒好的鸡肉盛入盘中即可。

本品味道酸甜，孕妇食用可健脾开胃，且鸡腿肉中蛋白质含量较高，易被人体吸收，是孕妇补身的佳品。

绿豆芽拌猪肝

原料： 卤猪肝220克，绿豆芽200克，蒜末、葱段各少许

调料： 盐、鸡粉各2克，生抽5毫升，陈醋7毫升，花椒油、食用油各适量

做法

1. 将备好的卤猪肝切开，再切片。
2. 锅中注水烧开，倒入洗净的绿豆芽，焯煮至食材断生，捞出待用。
3. 用油起锅，撒上蒜末，爆香，倒入葱段、部分猪肝片，炒匀。
4. 关火后倒入焯熟的绿豆芽，加盐、鸡粉、生抽，拌匀，注入少许陈醋、花椒油，拌至食材入味，待用。
5. 取盘子，放入余下的猪肝片，摆好，再盛入锅中的食材，摆好盘即可。

小叮咛

猪肝既能补血、抗疲劳，又能增强肝脏的排毒功能，与绿豆芽同食，对改善孕中期孕妇气血虚弱有益。

红薯莲子银耳汤

原料： 红薯 130 克，水发莲子 150 克，水发银耳 200 克

调料： 白糖适量

做法

1. 将银耳撕成小朵；红薯切成丁。
2. 开水锅中倒入洗净的莲子、银耳，用小火煮至变软，倒入红薯丁，用小火续煮约 15 分钟，至食材熟透。
3. 加入少许白糖，拌匀，转中火，煮至溶化。
4. 关火后盛出煮好的银耳汤，装在碗中即可。

小叮咛

莲子心有清心去热、降压之效，对防止妊娠高血压有一定作用，炖汤时最好不要丢弃。

白果蒸鸡蛋

原料： 鸡蛋 2 个，白果 10 克

调料： 盐、鸡粉各 1 克

做法

1. 取一个碗，打入鸡蛋。
2. 加入盐、鸡粉，注入温开水，搅散，待用。
3. 蒸锅注水烧开，放入调好的蛋液。
4. 盖上盖，用小火蒸 10 分钟。
5. 揭盖，放入洗好的白果。
6. 盖上盖，再蒸 5 分钟至熟；揭盖，取出蒸好的蛋羹即可。

小叮咛

鸡蛋具有保护肝脏、健脑益智、补铁等功效，孕妇可适量食用以补充营养。

双鱼过江

原料： 鲫鱼两条（300 克），火腿肠 25 克，鸡蛋清 60 克，葱段、葱花、姜片各适量

调料： 盐 4 克，料酒 3 毫升

做法

1. 火腿肠切成丁；洗净的鲫鱼切开，分成头、尾、身，鱼身对半切开。
2. 碗中放入鱼，加入姜片、葱段、适量盐、料酒，搅拌均匀，待用。
3. 电蒸锅注水烧开，放入鱼，蒸约 8 分钟后取出，将鱼头、鱼尾夹到备好的盘中，将鱼肉弄碎，放入鱼尾和鱼头中间，摆成鱼造型。
4. 鸡蛋清倒入碗中，放入盐、火腿肠丁，注入适量清水，搅拌均匀，倒至鱼上，将鱼再次放入电蒸锅中，蒸 8 分钟，取出，撒上葱花即可。

小叮咛

鸡蛋清可以滋润皮肤，保护皮肤的微酸性，孕妈妈多食可有效预防妊娠纹。

虾仁四季豆

原料：四季豆200克，虾仁70克，姜片、蒜末、葱白各少许

调料：盐4克，鸡粉3克，料酒4毫升，水淀粉、食用油各适量

做法

1. 把洗净的四季豆切成段；洗好的虾仁由背部切开，去除虾线。
2. 往虾仁中放入少许盐、鸡粉、水淀粉、食用油，腌渍10分钟至入味。
3. 锅中注水烧开，加入食用油、盐，倒入四季豆，煮至其断生，捞出备用。
4. 用油起锅，放入姜片、蒜末、葱白，爆香，倒入腌渍好的虾仁、四季豆，炒匀。
5. 加入料酒、盐、鸡粉、水淀粉，拌炒均匀；将炒好的菜盛出，装盘即可。

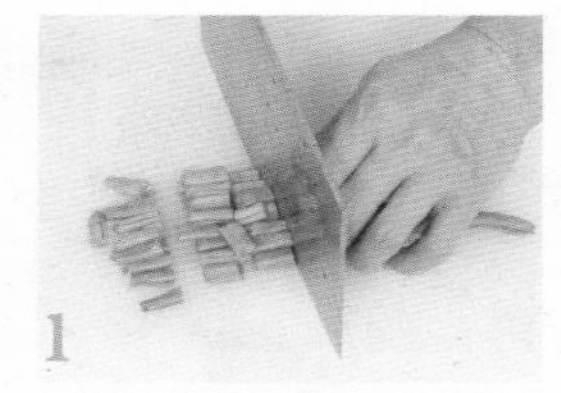

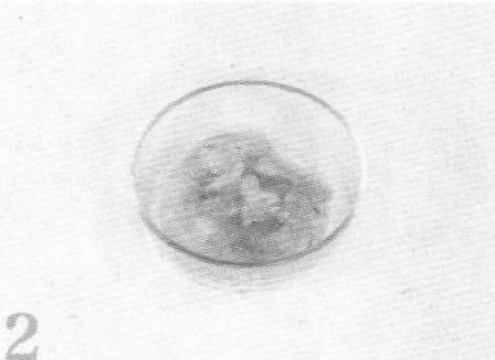

虾仁营养丰富，蛋白质含量尤其高，还含有维生素A、钾、碘、镁、磷等成分，适合孕中期妈妈补充营养。

牛肉西红柿汤

原料：牛肉 200 克，西红柿 120 克，葱花 2 克，姜片 3 克

调料：料酒 4 毫升，盐 2 克，鸡粉 2 克，白胡椒粉适量

做法

1. 洗净的牛肉切片，切条，再切成丁。
2. 洗净的西红柿去蒂，对半切开，切成小块。

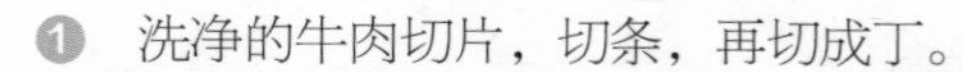

3. 牛肉装入碗中，放入姜片，加入料酒、盐、鸡粉、白胡椒粉，拌匀。
4. 取备好的杯子，放入牛肉、西红柿，倒入适量清水，搅拌片刻，再盖上保鲜膜，待用。
5. 电蒸锅注水烧开，放入食材，盖上盖，蒸 20 分钟。
6. 揭盖，取出杯子，揭开保鲜膜，将葱花撒在蒸好的食材上即可。

小叮咛

西红柿中含番茄红素，可提高孕妇的抵抗力，但番茄红素容易氧化，切开后的西红柿最好尽快食用。

鸡汤烩面

原料：鸡肉 300 克，面粉 80 克，生菜 50 克，八角 2 个，草寇 2 克，桂皮 5 克，白芷 3 克，花椒粒 5 克，姜片、葱花各少许

调料：盐、白胡椒粉各 3 克

做法

1. 沸水锅中倒入鸡肉、八角、草寇、白芷、花椒粒、桂皮、姜片，转小火煮 30 分钟，夹出鸡肉，去骨，将鸡肉撕成块，装盘待用。
2. 将锅中的香料捞出，留下汤汁待用。
3. 碗中倒入面粉，加入盐，注入适量清水，和匀，倒在干净的台面上，搓揉成面团，盖上保鲜膜，使其自然发酵 15 分钟。
4. 取出面团，用手揉制成长条，擀成薄皮，撒上面粉，抹匀，撕成条状，放入盘中待用。
5. 将面条放入煮好的鸡汤中，倒入鸡肉、生菜，加入盐、白胡椒粉，盛出，撒上葱花即可。

鸡肉经过香料的卤煮之后，香味大增，配上手工做的面条，鲜香可口，使人食欲大增。

西红柿鸡蛋炒面

原料：西红柿 120 克，鸡蛋液 80 克，熟粗面条 280 克，葱段少许

调料：番茄酱 10 克，盐、鸡粉各 2 克，食用油适量

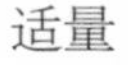

做法

1. 洗净的西红柿切开，切成小块。
2. 用油起锅，倒入鸡蛋液，翻炒至其凝固，再炒散，盛出待用。
3. 锅底留油烧热，倒入葱段，爆香，倒入切好的西红柿，翻炒片刻。
4. 挤入适量的番茄酱，翻炒均匀，倒入熟粗面条，快速翻炒匀。
5. 倒入鸡蛋，加盐、鸡粉，炒匀调味，关火后将炒好的面盛出装入碗中即可。

小叮咛

西红柿富含维生素，鸡蛋含蛋白质、卵磷脂等。两者同食，可彼此增加作用，促进孕中期营养素的吸收。

鱼肉蒸糕

原料：草鱼肉 170 克，洋葱 30 克，蛋清少许

调料：盐、鸡粉各 2 克，生粉 6 克，黑芝麻油适量

做法

1. 将洋葱切成段，草鱼肉切成丁。
2. 取榨汁机，将鱼肉丁、洋葱、蛋清倒入其中，搅成肉泥，装入碗中。
3. 放入盐、鸡粉、生粉，倒入黑芝麻油，拌匀，制成饼坯。
4. 把饼坯放入烧开的蒸锅中，用大火蒸 7 分钟，即成鱼肉糕。
5. 把蒸好的鱼肉糕取出，切成小块，装入盘中即可。

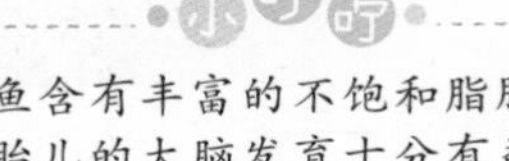

草鱼含有丰富的不饱和脂肪酸，对胎儿的大脑发育十分有益，适合孕中期妇女食用。

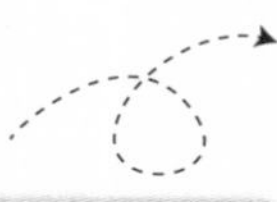

滋补枸杞银耳汤

原料： 水发银耳 150 克，枸杞适量

调料： 白糖适量

做法

1. 砂锅中注入适量清水烧开，放入切好的银耳，搅拌片刻。
2. 盖上锅盖，烧开后转中火煮 1 ～ 2 小时。
3. 揭开锅盖，加入适量白糖。
4. 将备好的枸杞倒入锅中，搅拌均匀。
5. 把煮好的甜汤盛出，装入碗中即可。

银耳含有蛋白质、维生素 D、膳食纤维及钙、磷、铁、钾、镁等营养物质，孕妇常食可减轻色素沉着。

粉蒸牛肉

原料： 牛肉 300 克，蒸肉米粉 100 克，蒜末、红椒、葱花各少许

调料： 料酒、水淀粉各 5 毫升，生抽 4 毫升，蚝油 4 克，食用油适量

做法

1. 牛肉切片，加盐、鸡粉、料酒、生抽、蚝油、水淀粉、蒸肉米粉，拌匀，放入蒸盘中。
2. 蒸锅中注水烧开，放入食材，蒸至熟，取出，装入另一盘中，放上蒜末、红椒、葱花。
3. 锅中注油烧热，将烧好的热油浇在牛肉上即可。

牛肉中含有蛋白质、大量的 B 族维生素和锌、铁、磷、钙等，非常适合孕中期滋补身体。

酸甜脆皮豆腐

原料： 豆腐 250 克，生粉 20 克，酸梅酱适量

调料： 白糖 3 克，食用油适量

做法

1. 将洗净的豆腐切开，再切长方块。
2. 再滚上一层生粉，制成豆腐生坯，待用。
3. 取酸梅酱，加入适量白糖，拌匀，调成味汁，待用。
4. 热锅注油，烧至四五成热，放入豆腐。
5. 轻轻搅匀，用中小火炸约 2 分钟，至食材熟透。
6. 关火后捞出豆腐块，沥干油，装入盘中，浇上调好的味汁即可。

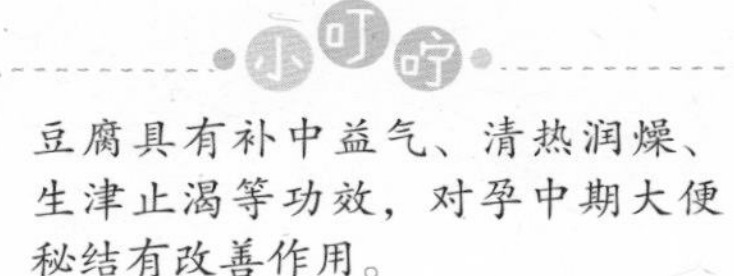

小叮咛

豆腐具有补中益气、清热润燥、生津止渴等功效，对孕中期大便秘结有改善作用。

白玉金银汤

原料：豆腐 120 克，西蓝花 35 克，鸡蛋 1 个，鲜香菇 30 克，鸡胸肉 75 克，葱花少许

调料：盐、鸡粉、水淀粉、食用油各适量

1. 将香菇切粗丝，西蓝花切小朵，豆腐切成小方块，鸡蛋打入碗中，备用。
2. 鸡胸肉切丁，装入碗中，加少许盐、鸡粉、水淀粉、食用油，腌至入味。
3. 开水锅中倒入西蓝花，煮至断生后捞出；沸水锅中再放入豆腐，略煮后捞出。
4. 用油起锅，倒入香菇丝，炒至软，加入清水、盐、鸡粉、鸡肉丁、豆腐块，拌匀煮沸。
5. 倒入西蓝花、水淀粉，拌煮至汤汁浓稠，倒入调好的鸡蛋液，中火煮至全部食材熟透即可。

孕妇食用豆腐除了能增加营养、帮助消化、增进食欲外，对胎儿的牙齿、骨骼的生长发育也颇为有益。

松仁菠菜

原料：菠菜 270 克，松仁 35 克

调料：盐 3 克，鸡粉 2 克，食用油 15 毫升

做法

1. 洗净的菠菜切三段，待用。
2. 锅中注适量食用油，放入松仁，用小火翻炒至香味飘出。
3. 关火后盛出炒好的松仁，装入碟中，撒上少许盐，拌匀，待用。
4. 锅留底油，倒入切好的菠菜，用大火翻炒 2 分钟至熟。
5. 加入盐、鸡粉，炒匀。
6. 关火后盛出炒好的菠菜，装盘，撒上拌好盐的松仁即可。

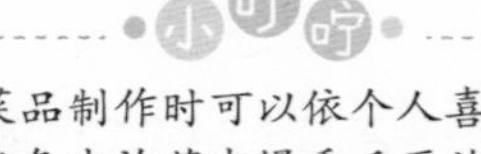

此道菜品制作时可以依个人喜好，事先准备少许蒜末爆香后再放入菠菜炒制，这样味道会更好。

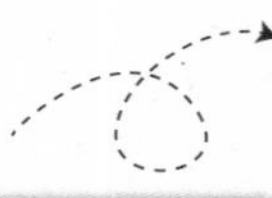

香菇扒生菜

原料： 生菜400克，香菇70克，彩椒50克，姜片、蒜末各少许

调料： 盐、鸡粉、蚝油、老抽、生抽、水淀粉、食用油各适量

做法

1. 彩椒切丝；开水锅中加食用油，分别将切好的生菜、香菇块焯至断生后捞出，待用。
2. 用油起锅，放入水、香菇、盐、鸡粉、蚝油、生抽，煮沸，加入老抽，炒匀上色。
3. 倒入水淀粉，翻炒匀，关火待用；取一盘，摆上生菜，盛入香菇，撒上彩椒丝即可。

焯煮生菜时可多放些食用油，能有效去除其涩味；此外，炒香菇时，多加些水淀粉，口感更佳。

牛肉菠菜碎面

原料： 龙须面100克，菠菜15克，牛肉35克，清鸡汤200毫升

调料： 盐2克，生抽、料酒各5毫升，食用油适量

做法

1. 热锅注油，放入切好的牛肉末，炒至变色，加入料酒、盐，炒匀，盛出装盘，待用。
2. 沸水锅中倒入龙须面，煮至熟软，捞出。
3. 锅中倒入鸡汤、牛肉末，加入盐、生抽，搅匀，倒入菠菜末，煮至熟软；关火后将煮好的汤料盛入面中即可。

可以在煮面时加入适量盐，使其更入味。另外，面条煮好后过一下凉开水，会更具韧性。

杏鲍菇黄豆芽蛏子汤

原料：杏鲍菇100克，黄豆芽90克，蛏子400克，姜片、葱花各少许

调料：盐3克，鸡粉2克，食用油适量

做法

1. 洗净的杏鲍菇对半切开，切成段，再切成片，备用。
2. 用油起锅，放入姜片，爆香，加入洗净的黄豆芽、切好的杏鲍菇，炒匀。
3. 锅中倒入适量清水烧开，放入处理好的蛏子，拌匀，煮一会儿。
4. 加入适量盐、鸡粉，拌匀调味。
5. 盖上盖，用中火煮2分钟。
6. 揭开盖，把煮好的汤料盛出，装入汤碗中，撒上葱花即可。

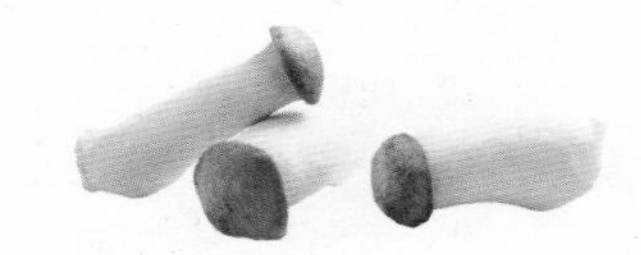

本品味道鲜美，营养丰富，对改善孕中期孕妇水肿、大便秘结、营养过剩、高血脂等症有食疗作用。

浓汤竹荪扒金针菇

原料：水发竹荪20克，金针菇230克，菜心180克，浓汤200毫升

调料：盐2克，水淀粉4毫升，食用油适量

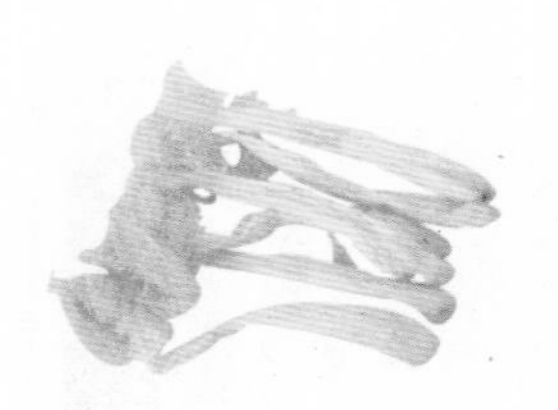

1. 洗净的金针菇切去根部；摘洗好的菜心切去根部。
2. 锅中注水烧开，放入盐、食用油，倒入菜心，搅匀汆煮片刻，捞出菜心，沥干水分。
3. 将竹荪倒入沸水锅中，汆煮片刻，捞出竹荪，沥干水分，再倒入金针菇，煮至金针菇变软，捞出金针菇，沥干待用。
4. 取一个盘，摆上菜心、金针菇、竹荪待用。
5. 热锅中倒入浓汤，搅匀煮热，加入少许盐，搅匀调味，倒入少许水淀粉、食用油，搅匀勾芡，浇在竹荪上即可。

竹荪含多种氨基酸、维生素、矿物质等，能够保护肝脏，减少腹壁脂肪的积存，预防孕妇体重过重。

提升“孕”力：孕晚期保健

孕中期的美好时光很快就过去了，从 28 周开始直到分娩结束，孕妈妈便进入孕晚期，不仅行动不如从前灵活，还会出现各种不适症状。那么如何消除这些“甜蜜”烦恼呢？

幸福二人行

度过平稳的孕中期，现在，准妈妈进入了孕晚期，也就是从怀孕第 28 周至分娩结束（第 40 周）阶段。这一阶段也是妊娠的关键期，孕妈妈要做好充足的准备，等待宝宝的诞生。

时间	胎宝宝的成长	孕妈妈的变化
第 28 周	坐高约 26 厘米，重约 1200 克；重要的神经中枢已发育完善	子宫底到达肚脐上 8 厘米，体重较妊娠前增加了 7 ～ 9 千克
第 29 周	大脑发育迅速，头也在继续增大；对外界的刺激反应更加敏感	腹部已经相当大了，行动起来有些不方便；腹部、肠、胃、膀胱受到轻微压迫
第 30 周	男宝宝的睾丸还没降下来，但女宝宝的阴蒂露出原貌	子宫底高 28 ～ 30 厘米，食欲减退，会有心跳、气喘、胃胀感觉；下肢酸痛感更频繁
第 31 周	身坐高 28 厘米，重约 1600 克；眼睛能自由开闭，并伴随有口唇的蠕动	体重每周增加约 500 克；极易出现心悸、呼吸困难等症状，进食量有所减少
第 32 周	身体皮下脂肪更加丰富，皱纹减少；胎动的次数减少	子宫已上升到横膈膜处；休息不好，行动更加不便；呼吸更为困难；阴道分泌物更多
第 33 周	身长约 48 厘米，重约 2200 克；皮肤变成了粉红色，脂肪继续堆积	子宫向上挤压心脏和胃，引起心律不齐、呼吸困难、胃饱胀等不适
第 34 周	胎儿的生殖器官已经接近成熟	盆腔、膀胱、直肠等部位有压迫感
第 35 周	身长约 50 厘米，重约 2500 克；胎儿的头骨还很柔软；已具备呼吸能力	子宫壁和腹壁已经变得很薄，可以看到胎儿在腹中活动时手脚、肘部在腹部突显的样子
第 36 周	肾脏发育完毕，肝脏也开始清理血液中的废物；指甲已经完全覆盖指尖	准妈妈此时会感到腹坠腰酸，骨盆后部附近的肌肉和韧带变得麻木，行为更加艰难
第 37 周	身长 51 厘米，重约 3000 克；胎儿身上的绒毛和杂毛已褪去	宫顶位置下移，孕妈妈会感到腹部坠胀，但胃部的压迫感减轻；尿频和便秘会更为频繁
第 38 周	细绒毛和胎脂逐渐脱落；肠道内积存着墨绿色的胎便	身体越来越沉重，会有紧张、烦躁、焦虑情绪；不规则的宫缩频率会增加
第 39 周	坐高约 38 厘米，重 3250 ～ 3500 克；胎儿的头部已经固定在盆骨之中	体重和宫高基本稳定；尿频和便秘症状又加剧了；阴道分泌物增多，分泌物为白色
第 40 周	胎儿的发育完成，所有的身体功能均达到了娩出的标准；羊水变得浑浊	一旦出现“宫缩”“见红”“破水”等情况，应赶往医院分娩

生活细节备忘录

POINT 1 预防早产

大多数早产的原因是无法控制的，如子宫颈闭锁不全、胎盘异常等。就算没有危险因素的妈妈，也可以发生不明原因的早产，不过这类早产通常可以预防。以下是预防早产值得注意的事：①定期进行产前检查。②不要抽烟，最好在怀孕前戒掉。③尽可能不要饮用含有酒精的饮料。④注意营养均衡的饮食，维持体重的适当增加。⑤避免服用禁药，非经医生许可，不要自行服用药物。⑥避免怀孕期间仍处在长期的精神压力之下。

POINT 2 减少产前运动

孕晚期性生活易导致宫腔感染和胎膜早破，所以在36孕周后应严禁性生活。这个时候的子宫已经过度膨胀，宫腔内压力已经较高，子宫口开始渐渐变短，准妈妈负担也在加重，如静脉曲张、尿频等。可经常进行短时间的散步，或者进行一些适合于自然分娩的辅助体操，以及缓解腰部压力的运动。

POINT 3 不要长途旅行

这个时期孕妈妈的身体重心继续后移，下肢静脉血液回流受阻，往往会引起脚肿。准妈妈为了胎儿和自身的安全着想，最好不要做长途旅行。上下班尽量不要挤公共汽车，不骑自行车，短途则以步行为安全。此外，应避免穿高跟鞋，否则因脚重心不稳摔跤，造成小产，将危及胎儿的生命和孕妈妈的健康。

POINT 4 工作需劳逸结合

准妈妈坚持照常工作，一般不会有什么健康问题。但到孕晚期后要避免上夜班、做长久站立、抬重物及颠簸较大的工作。在工作中，要注意劳逸结合，一旦觉得劳累，便要停下来休息。尽量争取时间睡个午觉。

POINT 5 戒除盲目备物的心理

准妈妈临产前就应该为宝宝准备东西，但不要盲目备物。有的准妈妈甚至连小孩出生后几岁用的东西都准备好了，今天想起来买这个，明天又赶紧去买那个，弄得整日忙个不停。

想着要多一个人了，准妈妈希望在房间中安排一个舒适的位置。将房间换成新的样式、新的格调，难免要移动一些大件物品。然而，整天想这想那的，甚至在睡觉的时候都睡不踏实，会影响身体休息。其实大可不必这样做，为新生儿做点必要的准备是应该的，但好多事情完全可由准爸爸代劳。

轻松应对常见不适症状

失眠

许多孕妈妈在怀孕晚期抱怨睡眠不好，其实，这大部分是由于对宝宝即将诞生而产生的焦虑感引起的。随着子宫渐渐变大，可以采取一个舒服的睡姿，还可以通过穴位按摩来养心安神。

操作方法

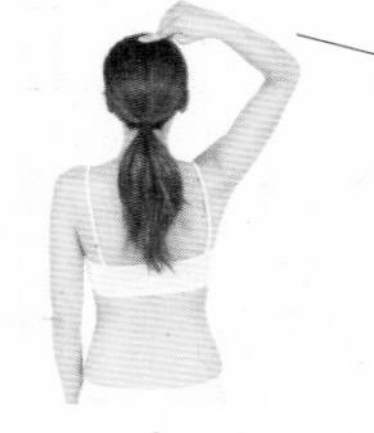

百会

位于头部，当前发际正中直上5寸，或两耳尖连线的中点处。

强间

位于头部，当后发际正中直上4寸（脑户上1.5寸）。

取坐位，按摩者用手指指腹向下用力按揉百会穴、强间穴，以有酸胀感为宜，按揉1～3分钟。

四神聪

位于头顶部，当百会前后左右各1寸，共四穴。

太阳

位于颞部，当眉梢与目外眦之间，向后约一横指的凹陷处。

按摩者用双手拇指指腹同时揉按四神聪穴1～3分钟，以有酸麻胀痛感为佳。

按摩者用手指指腹按揉太阳穴，力度适中，有酸胀感，左右各按揉1～3分钟。

筑宾

位于小腿内侧，当太溪与阴谷的连线上，太溪上5寸，腓肠肌肌腹的内下方。

历兑

位于足第二趾末节外侧，距趾甲角0.1寸。

按摩者用手指指尖垂直按压筑宾穴，力道适中，先左后右，按压1～3分钟。

按摩者用拇指指腹和食指指腹点按历兑穴1～3分钟，力道略重，先左后右。

再期尿频

孕晚期，妊娠子宫或胎头向前压迫膀胱，使得贮尿量减少，排尿次数随之增多，出现再期尿频，甚至因为胎儿发育压迫膀胱而出现压力性尿失禁。可以用以下方法改善尿频现象：①睡前少饮水。②侧卧可减轻子宫对输尿管的压迫。③有了尿意就及时排出，以免发生尿潴留。④出门前、活动前应及时排净小便。⑤必要时使用护垫，以防“突发事件”，但是要经常更换。⑥学会缩肛运动，锻炼会阴肌肉。

如果尿频的同时伴有尿痛、尿不尽、发热或腰痛等症状时，则要考虑是否为泌尿系统感染，应及时到医院检查。

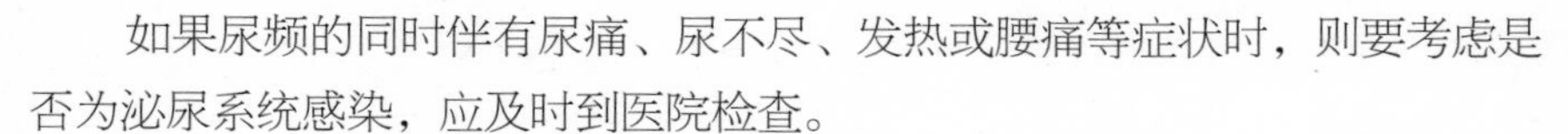

呼吸急促

2/3 的孕妈妈偶尔会出现呼吸急促，这是由于体内增加的黄体酮使呼吸频率加快引起的，在妊娠最后 3 个月则主要是由增大的子宫压迫膈和肺而造成呼吸急促。做到以下几点，情况会得到改善：①精神上放松，尽可能消除压力。②站直身体，舒畅地呼吸房间里的空气。③如果发生气喘，并出现口唇或手指发麻、胸痛，或手指呈蓝紫色等现象，要立即去医院。

胃灼热

孕晚期，有些孕妇在每餐吃完之后，会觉得胃部麻乱，有烧灼感，尤其在晚上，胃灼热很难受，甚至影响睡眠。这主要是由于内分泌发生变化，胃酸返流，刺激食管下段的痛觉感受器引起的。针对胃灼热的症状可以用如下方法缓解：①平时应在轻松的环境中慢慢进食。②饭后适当散步。③临睡前喝一杯热牛奶。未经医生同意不要服用治疗消化不良的药物。

痔 疮

怀孕后，准妈妈逐渐膨大的子宫会影响盆腔内静脉血液的回流，使肛门周围的静脉丛发生瘀血、凸出，从而形成痔疮。为了避免痔疮加重，准妈妈可用以下 4 个方法来改善：①平时多饮水。晨起后空腹喝一杯温水有助于排便。②养成定时排便的良好习惯。③多吃富含纤维素的新鲜水果，如芹菜、青菜等，以利于大便通畅。④不久坐，尤其是不长时间坐沙发。⑤适当增加提肛运动的频率，每天有意识地做 3 ～ 5 组，每组 30 下。

阴道分泌物增多

进入孕晚期之后阴道的分泌物明显地增多，这是正常现象。因为孕激素水平增加会使分泌物增加，这也是身体的自我保护。

不过，阴道分泌物增多会使菌群结构改变，产生细菌增生的场所，容易产生炎症。

准妈妈一定要注意清洁，一般用清水清洗阴道即可，要避免用冲洗剂。如果准妈妈阴道有黄绿色分泌物，或者豆渣一样的分泌物，并有臭味、有痛感时，要去医院进行检查。

为宝宝开拓未来

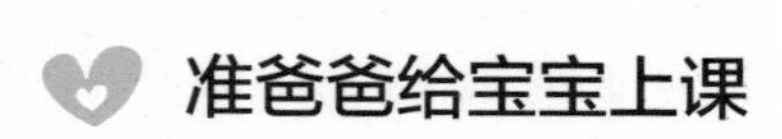

准爸爸给宝宝上课

孕后期，胎儿已经具备了比较完善的感知能力。研究表明，准爸爸更适合给胎宝宝做语言胎教。因为准爸爸的声音大都属于有磁性的中音或低音，频率更低，更容易被胎儿听到。所以，准爸爸不妨和准妈妈配合给胎儿上上课。

做法如下：

①准妈妈坐在宽大舒适的椅子上。

②准妈妈对胎儿说："乖宝宝，爸爸就在旁边，爸爸想和你说说话，咱们一起听听。"这时，准爸爸应该坐在距离准妈妈 50 厘米的位置上，用平静的语调开始对话。

③准爸爸可以这样开始："宝宝，我是你的爸爸，我会天天和你说话，我会告诉你外面的一切，今天爸爸想和你讲讲……（可以是一小则故事，也可以是对周围环境的描述）"随着话题内容的展开，准爸爸再逐渐提高声音。

④准爸爸结束语言："宝宝学习很专心，真聪明！好了，今天的学习就到这儿，下次再接着聊，再见！"

锻炼 & 情绪

▶ 站立弯曲腿筋

动 作：

1. 站立，双脚分开与髋部同宽，面对墙壁，相距一步。身体略向前倾，双手放在墙上，比肩稍高。左腿向后伸出，挺直。上身前倾，左脚上翘，抬左腿。肩部放松正对墙壁，收紧盆骨，收腹，保证髋部在脚上方，正对墙面。
2. 保持大腿抬高，髋骨正对墙，屈左膝，把脚跟拉向臀部。伸直膝盖，按提示的强度指数继续。若身体前倾，支撑的髋部开始疼，应休息片刻。

强度指标：

和缓——每一侧腿 8 次，做 2 套；
适中——每一侧腿 16 次，做 2 套；
激烈——每一侧腿 16 次，做 3 套。

Tips:

保持上身前倾，不要把腿抬得太高，因为这样会引起下腰部紧张。

运动效果：增强大腿背面的肌肉，有助于弯腰和抬起身体。

▶ 生命之圈

动作：

1. 稳坐在椅子前端，两腿分开呈丁字形，膝盖和脚呈一直线与地面垂直。臀部、脊柱、颈部和头在一条直线上。坐姿不要僵硬。双肘在腰部弯曲，双手握住呼啦圈。保持 2 ～ 3 个呼吸时间。
2. 吸气，吐气，数 5 下，同时向左侧弯腰，逆时针转动呼啦圈，转动到手臂能伸展的最大程度。这个过程中臀部始终稳稳地坐在椅子上。转动的轴心大概与喉咙的位置水平，手自然搭在圈上。
3. 吸气，数 5 下，身体恢复到初始状态。吐气，数 5 下，向右侧弯腰，顺时针转动呼啦圈。每侧至少做 5 次。
4. 初始姿势下，收脚，脚跟相对，前脚掌着地，屈膝，腿呈菱形。
5. 吸气，吐气，数 5 下，向左侧弯腰。
6. 吸气，回到开始姿势，吐气，向右侧弯腰。每侧至少做 5 次。

强度指标： 15 分钟

运动效果：这套动作对胎儿的出生是一个很好的准备。表面上很简单，但它能作用于每一个关节和每块肌肉，舒展骨盆，使整个身体都得到锻炼。

Tips:

坐在椅子上做这个练习较适宜此时的孕妇，但要注意坐在椅子上的部分坐稳了。直径在 75 ～ 90 厘米的呼啦圈用来练习这套动作较为合适。

▶ 缓解产前心理压力

孕妈妈在孕晚期的心理压力，包括自己和家人都不能忽视。一方面孕妈妈要进行自我心理排解，另一方面准爸爸和其他家人也要帮助孕妈妈从忧郁中走出来。

1 当孕妈妈感觉自己有不良情绪时，要向丈夫、家人、医生或朋友倾诉。倾诉本身就是一种减压方式，会让心情逐渐开朗。

2 孕妈妈遇到不开心的事情不要怨天尤人，应以开朗乐观的心情面对问题，对家人要心存宽容和谅解，应协调好家庭关系，好心情源于好的家庭氛围。

3 告诉自己，那么长的时间都坚持下来了，难道还在乎剩下的一点点时间吗？走出去，与其他孕妈妈或生过孩子的前辈多交流，从别人那学习经验，寻找快乐。

4 准爸爸除了让孕妈妈多看一些能增进母子情感的书籍或影视片外，还要多与其谈谈胎儿的情况，让孕妈妈感到体贴和温暖，这对增进夫妻感情也非常有益。

吃出健康“孕”味

孕晚期，胎儿的生长速度进一步加快，大脑发育加快，肺进一步发育以保证出生后能进行呼吸和血氧的交换功能，皮下脂肪大量存储。另外，胎儿还需为自己出生后储备一定量的钙、铁等营养素。

合理补充营养素

1. 孕晚期需要重点补充的营养素

孕 28 ~ 32 周：重点补充糖类。孕 8 月胎儿的发育特点是开始在肝脏和皮下储存糖原及脂肪，需要消耗大量的能量，所以孕妇需要注意额外补充糖类，以维持身体对热量的需求。如果这个阶段孕妇对糖类的摄入不足，可能会造成蛋白质缺乏或者酮症酸中毒。孕妇应增加大米、面粉等主食的摄入量，适当增加粗粮，如小米、玉米、燕麦片等，保证每天进食 400 克左右的谷类食物。

孕 33 ~ 36 周：重点补充膳食纤维。孕 9 月，随着胎儿逐渐增大的身体越来越压迫到孕妇的肠道，孕妇很容易发生便秘，甚至引发痔疮。所以，孕妇在这个阶段应多补充一些膳食纤维，促进肠道蠕动，以缓解便秘和痔疮带来的痛苦。可多吃全麦面包、芹菜、胡萝卜、土豆、豆芽、花菜等各种富含膳食纤维的食物。

孕 37 ~ 40 周：重点补充维生素 B_1。孕晚期孕妇如果体内维生素 B_1 不足，会出现呕吐、倦怠等类似早孕反应的症状，甚至影响生产时子宫的收缩，使产程延长，还有可能导致难产，所以这个阶段的孕妇要每天摄入富含维生素 B_1 的食物，如小米、玉米等粗粮，以及瓜子、猪肉、蛋类、动物肝脏等。

2. 其他需要补充的营养素

α- 亚麻酸：从孕 8 月开始是胎儿大脑发育的关键时期，而 α－亚麻酸是构成大脑细胞的重要物质基础，它在人体内可以转化成 DHA 和 EPA，是胎儿的“智慧基石”。人体自身不能合成 α－亚麻酸，必须从食物中获得，如亚麻籽油、深海鱼等。

不饱和脂肪酸：孕晚期，胎儿正处于大脑神经发育的高峰期，不饱和脂肪酸中的 Omega-3 和 DHA 有助于孩子眼睛、大脑、血液和神经系统的发育。孕妇应适当摄入各种鱼类，尤其是海鱼，如鲭鱼、鲑鱼等，绿叶蔬菜，以及从葵花子、亚麻籽中提取的油或食物。

维生素 B_{12}：维生素 B_{12} 是人体三大造血原料之一，它是唯一含有金属元素钴的维生素。如果孕妇身体内缺乏维生素 B_{12}，会导致“妊娠巨幼红细胞性贫血”。维生素 B_{12} 只存在于动物性食品中，如奶、肉类、鸡蛋等。

饮食原则

均衡膳食结构

孕妈妈不仅需要增加热量供应，更应注意优质蛋白、铁、钙和维生素等营养素的补充。食物的品种应强调多样化，每日食用量大概为：主食（大米、面）350 ~ 400 克，杂粮（小米、玉米、豆类等）50 克左右，蛋类 100 克，牛乳 500 毫升，动物类食品 100 ~ 150 克，动物肝脏每周 2 ~ 3 次每次 50 克，蔬菜 400 ~ 500 克（绿叶菜占 2/3），经常食用菌藻类食品，水果 100 ~ 200 克，植物油 25 ~ 40 克。每天的钙的需求量为 1200 毫克，有水肿的孕妈妈应限制食盐摄入量，每日在 5 克以下。

少量多餐

由于子宫增长迅速，压迫胃部，会使孕妈妈的食量减少，所以宜采用少食多餐制，每日可增加至 5 餐以上。如有条件，可适当食用磷脂、螺旋藻及免疫球蛋白等营养品。

适当添加零食和夜餐

怀孕晚期，孕妇除了吃好正餐外，应适当添加些零食和夜宵，以保障营养的充分摄入，但食物应选择营养丰富且容易消化的，如牛奶、水果、坚果等。尤其不要饿着肚子睡觉。

不可暴饮暴食

如果孕妇暴饮暴食，吃得过多，会使孕妇体内脂肪积蓄过多，导致组织弹性减弱，容易在分娩时造成难产或大出血。过于肥胖的孕妇还有发生妊娠高血压综合征、妊娠并发糖尿病、妊娠并发肾炎等疾病的可能。

饮食禁忌

1 忌油腻且难以消化的食物 

难以消化的食物食用过多反而会影响孕妇对其他营养素的摄取。

2 忌易发生食物中毒的食物 

如甲壳动物、蚌类、野生蘑菇等，另外还有不新鲜的食物，如剩饭剩菜。

3 忌食大补食材药材 

孕晚期不能盲目食用人参、花胶等药材及食物，需要根据自己的体质来选择，用量也需非常谨慎，否则易引发上火，甚至过补伤身。

4 忌食腌制的食物 

腌制食物如熏肉、咸鱼、咸菜、松花蛋等，其营养物质已遭到破坏，不能为孕妇和胎儿补充必需的营养元素。另外，这些食物中含有较多的亚硝酸盐，会影响孕妇的心血管系统。

孕晚期科学食谱推荐

菠菜鸡蛋干贝汤

原料： 牛奶200毫升，菠菜段150克，干贝10克，蛋清80毫升，姜片少许

调料： 料酒8毫升，食用油适量

做法

1. 热锅中注入适量食用油，烧至五成热，放入姜片、干贝，爆香。
2. 倒入适量清水，搅拌匀，加入少许料酒。
3. 盖上盖，煮约8分钟至沸腾。
4. 揭开盖，倒入洗净切好的菠菜，搅拌均匀。
5. 待菠菜煮软后，倒入牛奶，搅拌均匀。
6. 煮沸后倒入蛋清，续煮约2分钟，搅拌均匀。
7. 盛出煮好的汤料，装碗即可。

菠菜含有叶绿素、维生素K等营养成分，有补血止血、利五脏、通肠胃、调中气等功效，适合孕妈妈食用。

苹果豆浆

原料： 苹果140克，水发黄豆100克

调料： 白糖少许

做法

1. 洗净的苹果切小块。
2. 取备好的豆浆机，倒入已浸泡8小时的黄豆。
3. 放入苹果块，撒上少许白糖，注入适量清水。
4. 盖上豆浆机机头，选择"五谷"程序，再选择"开始"键，待其运转约15分钟。
5. 断电后取出机头，倒出煮好的豆浆，装入杯中即成。

小叮咛

苹果具有益气补血、降血压、生津止渴、安神助眠等功效，孕妇可常食。

山药胡萝卜鸡翅汤

原料： 山药180克，鸡中翅150克，胡萝卜100克，姜片、葱花各少许

调料： 盐、鸡粉各2克，胡椒粉少许，料酒适量

做法

1. 将山药切丁；胡萝卜、鸡中翅切小块。
2. 锅中注水烧开，倒入鸡中翅，淋入料酒，煮至沸腾，撇去浮沫，捞出，待用。
3. 砂锅中注水烧开，倒入鸡中翅、胡萝卜、山药，放入姜片、料酒，煮至食材熟透。
4. 加入盐、鸡粉、胡椒粉，放入葱花即可。

小叮咛

胡萝卜含有胡萝卜素、钙，能健脾化滞，对消化不良、咳嗽均有食疗的作用，适合孕妇食用。

麻婆茄子饭

原料：茄子、肉末各200克，米饭500克，姜末、蒜末、葱白各少许，豆瓣酱20克，花椒15克

调料：鸡粉、白糖各1克，生抽、水淀粉各5毫升，食用油适量

小叮咛

茄子含有维生素E以及钙、磷、铁等多种营养成分，孕妈妈食用可起到降血压、降血脂的作用。

做法

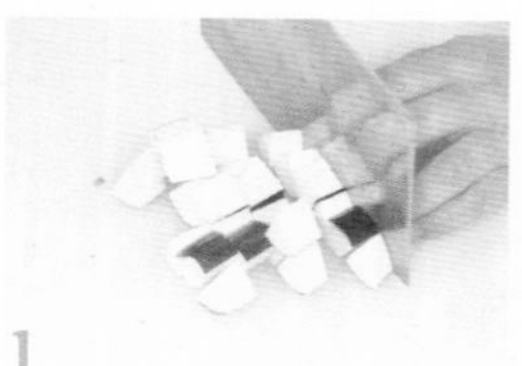

1. 洗净的茄子切粗条，改切成块。
2. 热锅注油，烧至六成热，倒入切好的茄子，油炸约1分钟至微黄色，捞出炸好的茄子，沥干油分，装盘待用。
3. 另起锅注油，倒入备好的肉末，炒拌至转色，加入适量蒜末、姜末、豆瓣酱，翻炒均匀。
4. 加入少许生抽，注入适量清水，拌匀，放入少许鸡粉、白糖，拌匀，加入适量水淀粉勾芡。
5. 倒入炸好的茄子，炒约2分钟至食材入味；关火后盛出炒好的菜肴，浇在米饭上。
6. 另起锅注油，倒入花椒，油炸至香味析出，盛出，淋在菜肴上，撒上葱白即可。

茶树菇草鱼汤

原料：水发茶树菇90克，草鱼肉200克，姜片、葱花各少许

调料：盐、鸡粉各3克，胡椒粉2克，料酒5毫升，芝麻油3毫升，水淀粉4毫升

做法

1. 洗好的茶树菇切去老茎，洗净的草鱼肉切成双飞片。
2. 把鱼片装入碗中，加入料酒、盐、鸡粉、胡椒粉，拌匀，再倒入水淀粉，拌匀，淋入芝麻油，拌匀，腌渍10分钟。
3. 锅中注水烧开，放入切好的茶树菇，煮约1分钟，至其七成熟，捞出，沥干水分，待用。
4. 另起锅，注入清水烧开，倒入茶树菇、姜片、芝麻油、盐、鸡粉、胡椒粉，煮至沸。
5. 放入腌好的鱼片，煮至鱼片变色。
6. 把汤料盛出，装入汤碗中，撒上葱花即可。

小叮咛

茶树菇含有较多的谷氨酸、异亮氨酸等成分，有健肾、清热、平肝的功效，孕妈妈食用可加速新陈代谢。

腰果时蔬炒鸡丁

原料： 鸡胸肉 280 克，熟腰果 100 克，黄瓜 120 克，去皮胡萝卜 130 克，白果 40 克，姜片、蒜片、葱段各少许

调料： 盐、白糖各 2 克，鸡粉、胡椒粉各 3 克，芝麻油、料酒各 5 毫升，水淀粉、食用油各适量

做法

1. 洗净的胡萝卜切成丁；黄瓜切成丁。
2. 鸡胸肉切丁，倒入碗中，加入盐、料酒、胡椒粉、水淀粉、食用油，拌匀，腌渍5分钟。
3. 用油起锅，倒入鸡丁、胡萝卜丁、黄瓜丁，炒匀，放入蒜片、姜片、白果，翻炒约2分钟。
4. 加入料酒、盐、鸡粉、白糖，炒匀调味，加入水淀粉、葱段、芝麻油，炒至食材入味。
5. 关火后盛出炒好的菜肴，装入盘中，倒入熟腰果，搅拌均匀即可。

小叮咛

鸡胸肉蛋白质含量较高，且易被人体吸收利用，常食有温中益气、健脾胃之功效，适合孕晚期食用。

绿豆冬瓜海带汤

原料： 冬瓜 350 克，水发海带 150 克，水发绿豆 180 克，姜片少许

调料： 盐 2 克

做法

1. 洗净的冬瓜切块，泡好的海带切块。
2. 砂锅中注水烧开，倒入切好的冬瓜，放入切好的海带，加入泡好的绿豆。
3. 倒入姜片，拌匀，加盖，用大火煮开后转小火续煮 2 小时至熟软。
4. 揭盖，加入盐，拌匀调味，盛出装碗即可。

海带有降血脂、降血糖、增强免疫力等功效，孕妇常食能有效控制血压、血脂，提高抗病能力。

手捏菜炒茭白

原料： 小白菜 120 克，茭白 85 克，彩椒少许

调料： 盐 3 克，鸡粉 2 克，料酒 4 毫升，水淀粉、食用油各适量

做法

1. 将小白菜装盘，撒上盐，腌渍至其变软。
2. 将小白菜切长段，茭白、彩椒切粗丝，备用。
3. 用油起锅，倒入茭白、彩椒丝，加入盐、料酒，倒入小白菜，翻炒至食材变软。
4. 加入鸡粉，炒匀调味，水淀粉勾芡，盛出炒好的菜肴，装入盘中即可。

茭白含有维生素 B_1、维生素 B_2、维生素 E 和矿物质等，有助于孕妇解热毒、除烦渴、利二便。

牛肉丸子汤

原料：牛里脊肉250克，鸡蛋清40克，生粉20克，香菜、姜末、蒜末各少许

调料：盐、鸡粉、白胡椒粉各6克，花椒粉3克，芝麻油、料酒各5毫升

做法

1. 牛里脊肉切成小块，放入绞肉杯中，将牛里脊肉绞成末。
2. 将牛里脊肉末倒在碗中，加入蒜末、姜末、鸡蛋清、盐、鸡粉、白胡椒粉、花椒粉、料酒、生粉，搅拌至上劲，将牛里脊肉末捏成若干个牛肉丸子生胚，摆放在盘中待用。
3. 锅中注水烧开，放入牛肉丸子生胚，撇去浮沫，煮约3分钟，加入盐、鸡粉、白胡椒粉、芝麻油调味，待牛肉丸子浮到水面，捞出，盛入碗中，撒上香菜即可。

小叮咛

牛肉含有铁、多种氨基酸和矿物质等营养元素，孕妇常食能补中益气、滋养脾胃、强健筋骨。

汤爆鲤鱼

原料：鲤鱼 500 克，方火腿 80 克，冬笋 40 克，香菇 25 克，姜片、葱段、香菜少许

调料：盐 2 克，鸡粉 2 克，白胡椒适量

做法

1. 方火腿切片；冬笋切片；香菇去蒂切片。
2. 处理好的鲤鱼切去鱼头，斜刀将鱼身切成段，摆入盘中。
3. 锅中注入适量清水，用大火烧开，放入冬笋、香菇、方火腿，拌匀，煮至汤汁沸腾，加入盐、鸡粉、白胡椒粉，搅拌调味。
4. 将煮好的汤浇在鱼身上，撒上姜片、葱段，再封上保鲜膜，待用。
5. 电蒸锅注水烧开，放入鲤鱼，盖上锅盖，调转旋钮定时，蒸 8 分钟至鱼肉熟。
6. 揭开锅盖，将蒸好的鲤鱼取出，去除保鲜膜，撒上香菜即可。

鲤鱼具有补脾健胃、利水消肿、通乳、清热解毒等功效，鲤鱼还对孕妇胎动不安有一定的食疗效果。

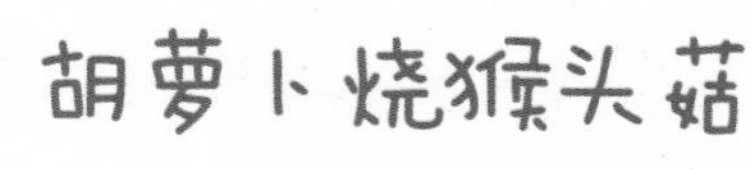

原料：水发猴头菇120克，香菇75克，去皮胡萝卜70克，姜片、蒜末、葱段各少许

调料：盐、鸡粉、白糖各1克，生抽、水淀粉、芝麻油各5毫升，食用油适量

做法

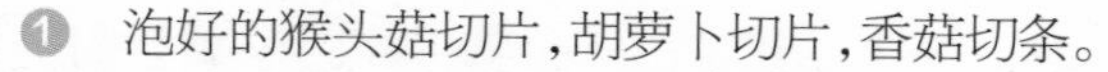

1. 泡好的猴头菇切片，胡萝卜切片，香菇切条。
2. 沸水锅中倒入猴头菇，烫1分钟，捞出。
3. 用油起锅，倒入汆好的猴头菇，炒约2分钟，盛出。
4. 锅中续加油烧热，倒入姜片、蒜末、葱段，爆香，再次放入猴头菇，倒入香菇条、胡萝卜片，加生抽，炒匀，注入适量清水至没过锅底，煮半分钟。
5. 加入盐、鸡粉、白糖调味，淋入水淀粉，炒匀收汁，加入芝麻油，炒匀，盛出菜肴即可。

小叮咛

猴头菇具有滋补养身、增强免疫力等作用，是高营养低脂肪的绿色食品，适合孕晚期的准妈妈补充营养。

素炒藕片

原料：莲藕150克，彩椒100克，水发木耳45克，葱花少许

调料：盐3克，鸡粉4克，蚝油10克，料酒10毫升，水淀粉5毫升，食用油适量

做法

1. 洗好的彩椒、木耳分别切成小块；洗净去皮的莲藕切成片。
2. 锅中注水烧开，加入盐、鸡粉，倒入食用油、莲藕片，煮至沸，放入木耳、彩椒块，略煮片刻；将全部食材捞出，沥干水分，待用。
3. 用油起锅，倒入焯过水的食材，翻炒匀，放入适量蚝油、盐、鸡粉。
4. 淋入料酒，炒匀提味，倒入适量水淀粉，用锅铲迅速翻炒匀。
5. 关火后盛出炒好的莲藕，装入盘中，撒上葱花即可。

木耳含有膳食纤维和核酸类物质，能降低血液中的胆固醇和三酰甘油含量，孕妇常食可预防妊娠高血压。

玉米须芦笋鸭汤

原料：鸭腿200克，玉米须30克，芦笋70克，姜片少许

调料：料酒8毫升，盐、鸡粉各2克

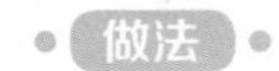

1. 洗净的芦笋切段；鸭腿斩件，斩成小块。
2. 锅中注水烧开，倒入鸭腿块，放入料酒，拌匀，汆去血水，捞出，沥干水分，备用。
3. 砂锅注入适量清水烧开，放入姜片，倒入鸭腿块。
4. 放玉米须，淋入适量料酒，搅拌匀。
5. 盖上盖，烧开后转小火炖40分钟至熟。
6. 揭开盖子，倒入芦笋，加入适量鸡粉、盐，用锅勺拌匀调味。
7. 把煮好的汤料盛出，装入盘中即可。

玉米须含有苦味糖苷、皂苷、生物碱、维生素C等成分，是孕晚期妈妈减轻水肿的食疗佳品。

牛肉盖饭

原料： 牛肉150克，洋葱60克，卤汁10毫升，米饭300克，黄油20克

调料： 盐、白胡椒粉各1克，食粉、生粉各2克，料酒3毫升，食用油适量

做法

1. 洗净的洋葱切开，切成丝。
2. 洗好的牛肉切片装碗，加入盐、料酒、白胡椒粉、食粉，倒入生粉，续搅拌匀，腌渍2分钟至牛肉入味。
3. 热锅注油，倒入洋葱丝，炒约1分钟至香味飘出，关火后盛出炒好的洋葱，装盘待用。
4. 另起锅注油，倒入腌好的牛肉，煎炒至两面微黄，倒入黄油，煎至溶化。
5. 加入卤汁，稍煮约2分钟至牛肉收汁后关火。
6. 米饭上放入炒好的洋葱，盖上炒好的牛肉即可。

洋葱含有膳食纤维、维生素C、胡萝卜素、镁等营养成分，孕妇适当食用能健胃、助消化。

西红柿苹果汁

原料：西红柿 120 克，苹果 95 克，白糖适量

做法

1. 将洗净的西红柿放入碗中，注入开水，烫至表皮皴裂，捞出，放入凉开水中待用。
2. 把西红柿剥除果皮，再将果肉切小块；洗净的苹果取肉切小块。
3. 取备好的榨汁机，倒入苹果、西红柿，盖好盖子，选择“榨汁”功能，榨出蔬果汁。
4. 断电后倒出果汁，装入杯中，加入白糖，拌匀即可。

小叮咛

西红柿含有胡萝卜素、B 族维生素、维生素 C 及多种矿物质，孕妇常食能开胃消食。

排骨汤面

原料：排骨 130 克，面条 60 克，小白菜、香菜各少许

调料：料酒 4 毫升，白醋 3 毫升，盐、鸡粉、食用油各适量

做法

1. 将香菜切碎，小白菜切段，面条折成段。
2. 锅中注水，倒入排骨，加入料酒，烧开。
3. 加入白醋，煮 30 分钟，捞出，把面条倒入汤中，煮至面条熟透，加盐、鸡粉调味。
4. 倒入小白菜、熟油，拌匀，再用大火煮沸。
5. 将煮好的面条盛入碗中，再放入香菜即可。

小叮咛

排骨含有大量磷酸钙、骨胶原等，具有益精补血、强壮体格的功效，尤其适合孕妇补充钙质。

玉米排骨汤

原料： 玉米段、猪小排各250克，姜片、葱花、葱段各5克

调料： 料酒5毫升，盐3克，鸡粉2克

做法

1. 锅中注入适量的清水，用大火烧热。
2. 倒入备好的猪小排，淋入少许料酒，汆煮去血水，将焯好的排骨捞出，沥干水分。
3. 砂锅中注入适量的清水用大火烧开，倒入玉米、排骨、姜片、葱段，搅拌片刻。
4. 盖上锅盖，烧开后转小火煮1个小时使其熟透。
5. 掀开锅盖，加入少许盐、鸡粉，搅拌片刻，使食材入味。
6. 关火，将煮好的汤盛出装入碗中，撒上葱花即可。

玉米含有亚油酸、矿物质、维生素、叶黄素等成分，具有增强免疫力、美容护肤、加速新陈代谢等功效。

韭菜黄豆炒牛肉

原料： 韭菜 150 克，水发黄豆 100 克，牛肉 300 克，干辣椒少许

调料： 盐 3 克，鸡粉 2 克，水淀粉 4 毫升，料酒 8 毫升，生抽 5 毫升，食用油适量

做法

1. 锅中注水烧开，倒入洗好的黄豆，略煮一会儿，至其断生，捞出，沥干水分，待用。
2. 洗好的韭菜切段，洗净的牛肉切成丝。
3. 将牛肉装入盘中，放入盐、水淀粉、料酒，搅匀，腌渍 10 分钟至其入味，备用。
4. 用油起锅，倒入牛肉丝、干辣椒，炒至变色。
5. 淋入料酒，放入黄豆、韭菜，加入盐、鸡粉、生抽，快速翻炒均匀，至食材入味。
6. 关火后将炒好的菜肴盛入盘中即可。

小叮咛

韭菜含有维生素 B_1、维生素 C、胡萝卜素及多种矿物质，具有补肾温阳、开胃消食等功效，适合孕妇食用。

雪菜汁蒸蛏子

原料： 蛏子 400 克，雪菜汁 160 毫升

1. 取一个蒸碗，放入处理干净的蛏子，摆放整齐。
2. 再倒入适量雪菜汁，至三四分满，备用。
3. 蒸锅上火烧开，放入蒸碗。
4. 盖上盖，用中火蒸约 20 分钟，至食材熟透。
5. 关火后揭开盖，取出蒸碗，待稍微放凉后即可食用。

蛏子含有维生素 A、钙、镁、铁、硒等营养成分，具有补阴、清热、除烦等功效，能帮助孕妇调节情绪。

三文鱼西红柿粥

原料： 三文鱼50克，西红柿、水发大米各30克，豌豆10克，昆布高汤800毫升，姜丝少许

调料： 盐、白胡椒粉适量

做法

1. 三文鱼切丁，装入碗中，放入白胡椒粉、盐，拌匀；洗净的西红柿去蒂，切成丁。
2. 汤锅中倒入昆布高汤，大火煮沸，小火蓄热。
3. 备好焖烧罐，放入大米、三文鱼、豌豆，注入开水至八分满，盖上盖子，摇晃片刻，预热30秒。
4. 揭开盖，将里面的水倒出，加入西红柿、姜丝，倒入高汤至八分满，盖上盖，摇晃均匀，焖4小时。
5. 待时间到揭开盖，放入适量盐，搅拌匀，将焖好的粥盛出，装入碗中即可。

小叮咛

西红柿中的类黄酮有降低毛细血管的通透性和防止其破裂的作用，能有效防止妊娠纹的出现。

珍珠南瓜

原料： 熟鹌鹑蛋 100 克，南瓜 300 克，青椒 20 克

调料： 盐、鸡粉各 2 克，水淀粉 4 毫升，食用油适量

1. 洗净去皮的南瓜切成粗条，再切成菱形块。
2. 洗净的青椒切开，去籽，切成小块，备用。
3. 锅中注入适量清水烧开，倒入南瓜，煮至断生。
4. 将焯煮好的南瓜捞出，沥干水分，待用。
5. 沸水锅中再倒入鹌鹑蛋、青椒，略煮一会儿，捞出待用。
6. 热锅注油，倒入鹌鹑蛋、青椒、南瓜，再加入少许盐、鸡粉，炒匀调味。
7. 倒入少许水淀粉，翻炒匀，关火后将炒的菜盛出装入盘中即可。

南瓜含有维生素 A、B 族维生素、维生素 C、钾、钙等营养成分，孕妈妈常食，能增强免疫力、润肺益气。

西红柿蔬菜汤

原料： 黄瓜 100 克，西红柿 100 克，鲜玉米粒 50 克

调料： 盐 2 克，鸡粉 2 克

1. 洗净的黄瓜切片，切条，切丁；洗净的西红柿切瓣，切小块。
2. 取电解养生壶底座，放上配套的水壶，加清水至 0.7 升水位线，放入切好的蔬菜。
3. 盖上壶盖，按“开关”键通电，再按“功能”键，选定“煲汤”功能，开始煮汤，煮 10 分钟至材料熟透。
4. 揭盖，放盐、鸡粉，拌匀调味。
5. 按“开关”键断电，取下水壶，将煮好的汤装入碗中即可。

玉米营养全面，有健脾益胃、利水渗湿作用，搭配有清热利水功效的黄瓜同食，能改善妊娠水肿。

虾仁蒸豆腐

原料： 虾仁 80 克，豆腐块 300 克，姜片、葱段、葱花各少许

调料： 盐 2 克，鸡粉 2 克，生粉 5 克，白糖 2 克，蚝油 3 克，料酒 10 毫升，水淀粉少许，食用油适量

做法

1. 虾仁由背部划开，用牙签挑去虾线，装入碗中，加入少许盐、鸡粉、料酒、生粉、食用油，腌渍 10 分钟，备用。
2. 豆腐块装盘，加适量盐，放入烧开的蒸锅中，大火蒸 5 分钟，取出待用。
3. 用油起锅，爆香姜片、葱段、葱花，倒入虾仁，炒至变色，加少许清水，炒匀，加入适量盐、鸡粉、白糖、蚝油、料酒、水淀粉调味，关火后盛出虾仁，待用。
4. 在豆腐上放上虾仁，淋上锅中的汁即可。

虾仁含有蛋白质、维生素 A、牛磺酸、钾、碘、镁、磷等营养成分，孕妇适当食用能益气补虚、强身健体。

黄鱼鸡蛋饼

原料： 黄鱼肉 200 克，鸡蛋 1 个，牛奶 200 毫升，糯米粉 25 克，洋葱 50 克

调料： 盐、鸡粉各 2 克，料酒 4 毫升，食用油适量

黄鱼含有蛋白质、B族维生素、钙、磷、铁、碘、硒等营养成分，孕妈妈常食，能益肾补虚、健脾养胃。

❶ 洗净的洋葱切成厚片，再切条，改切成丁。

❷ 取一个大碗，倒入糯米粉，打入鸡蛋，搅拌匀，放入备好的黄鱼肉、洋葱，拌匀。

❸ 加入少许盐、鸡粉、料酒，搅拌匀，倒入适量牛奶，搅拌均匀。

❹ 将混合好的材料捏成大小一致的小饼，备用。

❺ 煎锅中倒入适量食用油，放入小饼，用中火煎出香味，用锅铲翻面，煎至两面呈金黄色；关火后将煎好的蛋饼盛出，沥干油，装入盘中即可。

玉米须生蚝汤

原料： 生蚝肉200克，玉米须20克，姜片、葱花各少许

调料： 盐、鸡粉各2克，胡椒粉、食用油各适量

做法

1. 锅中注入适量清水烧开，放入姜片。
2. 淋入少许食用油，加入适量盐、鸡粉。
3. 再倒入洗净的玉米须，搅动几下。
4. 倒入处理干净的生蚝肉，搅拌匀。
5. 盖上盖，烧开后转中火煮10分钟，至食材熟透。
6. 取下盖子，撒上少许胡椒粉，搅拌匀，续煮一会儿，至汤汁入味。
7. 关火后盛出煮好的汤料，装入汤碗中，撒上葱花即可。

小叮咛

生蚝肉所含的丰富微量元素和糖元，对促进胎儿的生长发育、矫治孕妇贫血和对孕妇的体力恢复均有好处。

白玉菇炒牛肉

原料： 白玉菇 100 克，牛肉 150 克，红椒 15 克，姜片、蒜末、葱白各少许

调料： 鸡粉 3 克，嫩肉粉 1 克，盐、生抽、料酒、水淀粉、食用油各适量

1. 洗净的白玉菇切成两段，洗净的红椒切成丝。
2. 牛肉切成片，盛入碗中，加盐、生抽、鸡粉、嫩肉粉、水淀粉、食用油，腌渍至入味。
3. 锅中注水烧开，加入食用油、盐，倒入白玉菇，煮约 2 分钟，加入红椒，续煮片刻，捞出备用。
4. 锅中注油烧热，倒入姜片、蒜末、葱白，倒入牛肉，炒匀，淋入料酒，倒入白玉菇、红椒，加盐、鸡粉、生抽，倒入水淀粉。
5. 将锅中食材炒至入味，盛出装盘即可。

小叮咛

牛肉含有丰富的铁元素和丙氨酸，还富含维生素 B_{12}、锌等营养成分，常食牛肉，孕妈妈能有效增强体质。

芋头排骨煲

原料： 芋头 400 克，排骨 250 克，葱花适量

调料： 盐 2 克

做法

1. 洗净去皮的芋头切厚片，切条，改切成丁。
2. 锅中注入适量的清水，用大火烧开，倒入备好的排骨，氽去杂质，捞出排骨，沥干水分，待用。
3. 锅中注入适量的清水大火烧热，倒入排骨，盖上锅盖，大火煮开转小火焖 20 分钟。
4. 揭开锅盖，倒入芋头块，搅拌匀，盖上盖，小火续焖 10 分钟至熟透。
5. 揭开锅盖，加入盐，搅拌调味，关火，将煮好的菜盛出装入碗中即可。

排骨含有蛋白质、脂肪、维生素、磷酸钙、骨胶原、骨粘蛋白等成分，孕妇常食能益气补血。

炸洋葱丝牛肉面

原料： 板面 175 克，洋葱 40 克，面粉适量，牛肉汤 550 毫升

调料： 番茄酱 25 克，盐、胡椒粉各 2 克，食用油适量

做法

1. 将去皮洗净的洋葱切粗丝；取部分的洋葱丝，放入盘中，撒上面粉，拌匀，待用。
2. 热锅注油，倒入拌匀的洋葱，炸至呈金黄色，捞出食材，沥干油，待用。
3. 开水锅中放入板面，煮至面条熟透，捞出。
4. 用油起锅，倒入余下的洋葱丝，爆香，放入番茄酱，炒匀，注入牛肉汤煮至汤汁沸腾，加入盐、胡椒粉，制成汤料，待用。
5. 取一个汤碗，放入面条，再盛入汤料，撒上炸熟的洋葱丝即可。

洋葱含有胡萝卜素、维生素 B_1、维生素 C、钾、硒等营养成分，孕妈妈常食，能增强体质、增进食欲。

冬瓜老鸭汤

原料： 去皮冬瓜120克，鸭肉块200克，干贝10克，枸杞3克

调料： 料酒3毫升，盐2克，食用油4毫升

做法

1. 洗净去皮的冬瓜切成片，改切成小块。
2. 沸水锅中倒入鸭肉块，淋入料酒，焯水至转色，捞出，放入备好的碗中待用。
3. 取一个马克杯，放入鸭肉块、冬瓜、干贝、枸杞，加入盐、食用油，注入200毫升清水，盖上保鲜膜待用。
4. 电蒸锅注水烧开，将杯子放入其中，盖上盖，蒸30分钟。
5. 揭盖，将杯子拿出，揭开保鲜膜即可。

小叮咛

鸭肉具有补虚劳、滋五脏、补血行水、养胃生津、增强免疫力等作用，能改善孕晚期水肿的症状。

蔬菜三文鱼粥

原料： 三文鱼 120 克，胡萝卜 50 克，芹菜 20 克

调料： 盐、鸡粉各 3 克，水淀粉 3 毫升，食用油适量

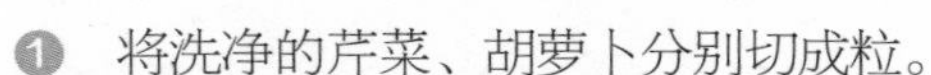

❶ 将洗净的芹菜、胡萝卜分别切成粒。

❷ 将三文鱼切成片，装入碗中，放入少许盐、鸡粉、水淀粉，拌匀，腌渍 15 分钟至入味。

❸ 砂锅注入适量清水，大火烧开，倒入水发大米，加食用油，搅拌匀。

❹ 加盖，慢火煲 30 分钟至大米熟透；揭盖，倒入切好的胡萝卜粒。

❺ 加盖，慢火煮 5 分钟至食材熟烂；揭盖，加入三文鱼、芹菜，拌匀煮沸。

❻ 加适量盐、鸡粉，拌匀调味；把煮好的粥盛出，装入汤碗中即可。

小叮咛

三文鱼含有丰富的不饱和脂肪酸，能有效降低血脂和血胆固醇，孕妈妈可多食。

蜜汁红枣山药百合

原料：红枣 20 克，干百合 15 克，山药 150 克

调料：蜂蜜 15 克

做法

1. 将洗净去皮的山药切块，再切条，改切成丁。
2. 把红枣、百合、山药装入碗中，加入蜂蜜，拌匀。
3. 把处理好的材料装入盘中。
4. 将装有材料的盘子放入烧开的蒸锅中。
5. 盖上盖，用中火蒸 15 分钟至食材熟透。
6. 揭盖，取出蒸好的食材即可。

小叮咛

山药含有多种维生素、氨基酸和矿物质，孕妇常食，不仅能消食开胃，还能增强免疫力、益心安神。

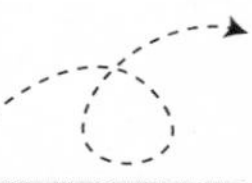

红枣银耳炖鸡蛋

原料：去壳熟鸡蛋 2 个，红枣 25 克，水发银耳 90 克，桂圆肉 30 克，冰糖 30 克

做法

1. 砂锅中注入适量清水，倒入熟鸡蛋、银耳、红枣、桂圆肉，拌匀。
2. 加盖，大火炖开转小火炖 30 分钟至食材熟软。
3. 揭盖，加入冰糖，拌匀。
4. 加盖，续炖 10 分钟至冰糖溶化。
5. 揭盖，搅拌片刻至食材入味。
6. 关火后盛出炖好的鸡蛋，装入碗中即可。

小叮咛

鸡蛋含有卵磷脂、B 族维生素、维生素 C、钙、铁、磷等营养成分，孕妇常食能保护肝脏。

鸡肉拌黄瓜

原料： 黄瓜 80 克，熟鸡肉 70 克，香菜 10 克，红椒 30 克，蒜末 20 克

调料： 白糖 2 克，芝麻油、盐、鸡粉各适量

1. 洗净的黄瓜斜刀切片，再切成粗丝。
2. 洗净的红椒切开去籽，切成丝。
3. 熟鸡肉用手撕成小块，待用。
4. 取一个碗，倒入黄瓜丝、鸡肉块，再加入红椒丝、蒜末，再放入盐、鸡粉、白糖，淋上少许芝麻油，搅拌匀。
5. 取一个盘子，将拌好的食材倒入，再放上备好的香菜即可。

黄瓜富含多种维生素，搭配鸡肉常食，可促进胎儿生长发育、改善孕妈妈缺铁性贫血。

生蚝豆腐汤

原料： 豆腐200克，生蚝肉120克，鲜香菇40克，姜片、葱花各少许

调料： 盐3克，鸡粉、胡椒粉各少许，料酒4毫升，食用油适量

做法

1. 洗净的香菇切粗丝，洗好的豆腐切小方块。
2. 锅中注水烧开，加入少许盐。
3. 再放入豆腐块，轻轻搅拌匀，煮约半分钟，捞出，沥干水分，放在盘中，待用。
4. 再倒入生蚝肉，拌煮至其断生，捞出，待用。
5. 用油起锅，放入姜片，爆香，倒入香菇、生蚝肉，淋入料酒，炒香、炒透，注入清水。
6. 盖上盖，煮至汤汁沸腾；揭盖，倒入豆腐块。
7. 加入盐、鸡粉，拌匀调味，待汤汁沸腾时撒上胡椒粉，续煮片刻至全部食材入味。
8. 关火后盛出装碗，撒上葱花即成。

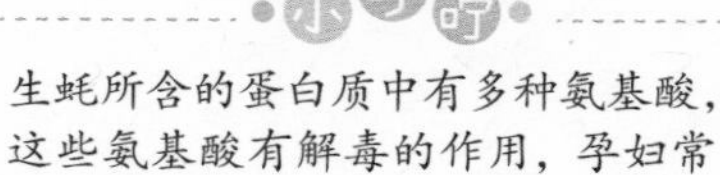

生蚝所含的蛋白质中有多种氨基酸，这些氨基酸有解毒的作用，孕妇常食，有助于除去体内的有毒物质。

胡萝卜黄瓜苹果汁

原料： 胡萝卜 80 克，苹果 100 克，黄瓜 120 克

调料： 蜂蜜 15 克

1. 洗好的黄瓜切成丁，洗净去皮的胡萝卜切成丁，洗好的苹果切成小块，备用。
2. 取榨汁机，选择搅拌刀座组合，倒入胡萝卜、苹果、黄瓜，加入矿泉水。
3. 盖上盖，选择“榨汁”功能，榨取蔬果汁。
4. 揭开盖，加入蜂蜜；盖上盖，搅拌一会儿。
5. 揭盖，将榨好的蔬果汁倒入杯中即可。

小叮咛

胡萝卜含有琥珀酸钾盐和槲皮素，能有效改善微血管循环，适合孕妇预防妊娠高血压。

玉米拌洋葱

原料： 玉米粒 75 克，洋葱条 90 克，凉拌汁 25 毫升

调料： 盐 2 克，白糖少许，生抽 4 毫升，芝麻油适量

做法

1. 锅中注水烧开，倒入玉米粒，略煮，放入洋葱条，再煮一小会儿，至食材断生后捞出，沥干水分，待用。
2. 取一大碗，倒入焯过水的食材，放入凉拌汁。
3. 加入生抽、盐、白糖、芝麻油，拌至入味。
4. 将拌好的菜肴盛入盘中，摆好盘即成。

洋葱含有钙、磷、铁、维生素 B_1、维生素 C、胡萝卜素等成分，孕妇常食，可有效预防感冒。

蒜苗炒莴笋

原料： 蒜苗 50 克，莴笋 180 克，彩椒 50 克

调料： 盐 3 克，鸡粉 2 克，生抽、水淀粉、食用油各适量

做法

1. 将洗净的蒜苗切成段。
2. 洗好的彩椒切开，去籽，切成丝。
3. 将洗净去皮的莴笋切段，再切成片，改切成丝。
4. 锅中注水烧开，放入食用油、盐、莴笋丝，煮至断生，捞出，备用。
5. 用油起锅，放入蒜苗，炒香，倒入莴笋丝，翻炒匀，再放入彩椒，炒匀。
6. 加入适量盐、鸡粉、生抽，炒匀调味，倒入适量水淀粉，快速翻炒均匀。
7. 将炒好的食材盛出，装入盘中即可。

莴笋具有利尿、降低血压、预防心律紊乱的作用，孕妇食用，能改善妊娠水肿，预防妊娠高血压。

白萝卜烧鲳鱼

原料： 鲳鱼 600 克，白萝卜 300 克，葱段、姜片、蒜片、香菜各少许

调料： 盐 4 克，鸡粉 2 克，白糖 3 克，生抽 5 毫升，料酒 7 毫升，水淀粉 4 毫升，食用油适量

小叮咛

白萝卜含有芥子油、淀粉酶、粗纤维、维生素、蛋白质等成分，孕妇常食，能开胃消食、养心润肺。

1. 洗净去皮的白萝卜切成片。
2. 处理好的鲳鱼身上切一字花刀。
3. 在鲳鱼身上抹上盐，淋上少许料酒，撒上胡椒粉，抹匀，腌渍片刻。
4. 热锅注油烧热，倒入鲳鱼，煎制片刻，倒入葱段、姜片、蒜片，翻炒爆香。
5. 加入少许生抽，注入适量清水，倒入白萝卜片，搅拌片刻。
6. 盖上锅盖，中火焖10分钟至熟透；掀开锅盖，加入少许盐、鸡粉、白糖。
7. 再倒入适量水淀粉，大火收汁。
8. 将煮好的鲳鱼装入盘中，摆上葱段、香菜，浇上汤汁即可。

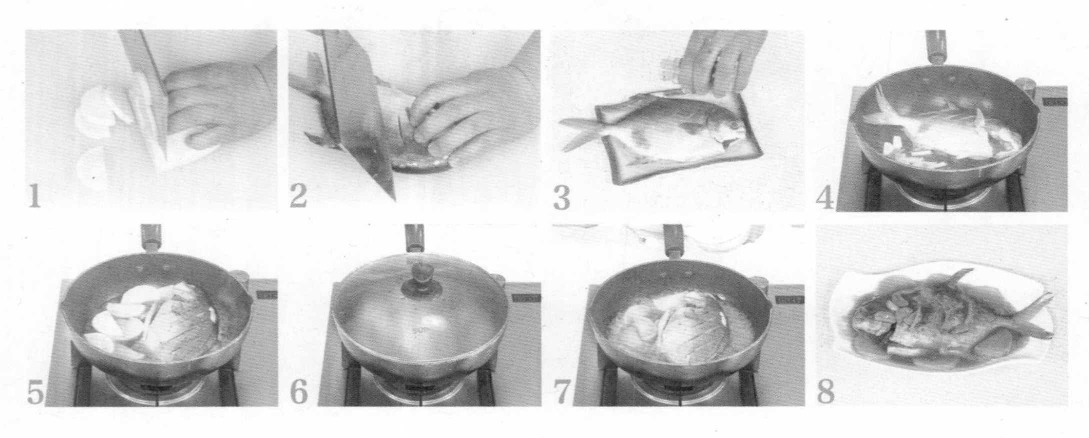

家常蘑菇烧鸡

原料： 鸡块200克，青豆65克，水发香菇70克，姜片、葱段、八角各少许

调料： 盐3克，生抽6毫升，料酒4毫升，鸡粉2克，水淀粉4毫升，食用油适量

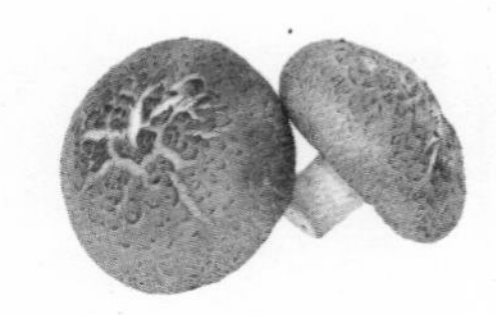

做法

1. 用油起锅，倒入八角、葱段、姜片，爆香，倒入备好的鸡块，快速翻炒均匀。
2. 淋上料酒，炒匀，倒入洗净的香菇、青豆，加入生抽，注入适量的清水，加入盐，翻炒片刻使其均匀。
3. 盖上锅盖，煮开后转小火煮30分钟至入味。
4. 掀开锅盖，加入鸡粉，炒匀，倒入水淀粉，翻炒片刻，使其更入味。
5. 关火后将烧好的鸡盛出，装入碗中即可。

香菇含有香菇多糖、维生素、蛋白质、矿物质等成分，具有增强免疫力的功效，适合孕后期的准妈妈食用。

海蜇黄瓜拌鸡丝

原料： 黄瓜 180 克，海蜇丝 220 克，熟鸡肉 110 克，蒜末少许

调料： 葡萄籽油 5 毫升，盐、鸡粉、白糖各 1 克，陈醋、生抽各 5 毫升

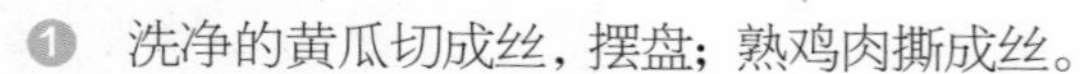

1. 洗净的黄瓜切成丝，摆盘；熟鸡肉撕成丝。
2. 热水锅中倒入海蜇，汆煮片刻，去除杂质。
3. 待熟后捞出海蜇，沥干水分，装盘待用。
4. 取一碗，倒入汆好的海蜇，放入鸡肉丝，倒入蒜末。
5. 加入盐、鸡粉、白糖、陈醋、葡萄籽油，将食材充分地拌匀。
6. 往黄瓜丝上淋入生抽，将拌好的鸡丝海蜇倒在黄瓜丝上，放上香菜点缀即可。

葡萄籽油含有脂肪酸、钾、磷等成分，具有加速代谢、美容护肤、延缓衰老等功效，适合孕妇食用。

Part5

妈妈、宝宝更健康：产褥期保健

终于迎来了小天使的顺利降临，新妈妈在品尝幸福滋味的同时，千万别忽略了自身的身体恢复哦。加强锻炼和饮食调养，才能为自己的恢复和宝宝的成长打下坚实的基础。

迎接小天使的降临

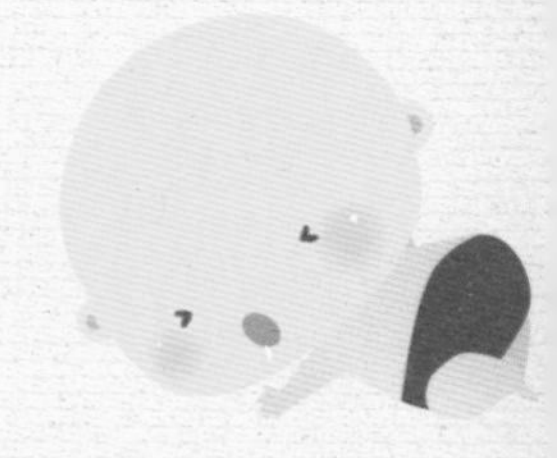

宝宝即将到来，全家都在紧张、激动地等待着。这个时候，孕妈妈要尽量多休息以保持体力，以愉快的心情、充足的准备，迎接即将到来的分娩。同时，家人也要密切关注孕妈妈的身体状况。

1 准备待产包

由于很多孕妈妈都会在预产期之前分娩，因此需提前准备好分娩所需物品，以避免产期提前而手忙脚乱。待产包的物品主要包括妈妈用品、宝宝用品和入院证件三类。其中，妈妈用品有水盆、牙膏、牙刷、梳子、拖鞋、毛巾、产妇卫生巾、卫生纸、内衣、内裤、束腹带等；宝宝用品有奶粉、奶瓶、内衣、外套、尿布、小毛巾、围嘴、婴儿洗护用品等；入院证件有户口本或身份证、医疗保险卡或生育保险卡及相关病历等。

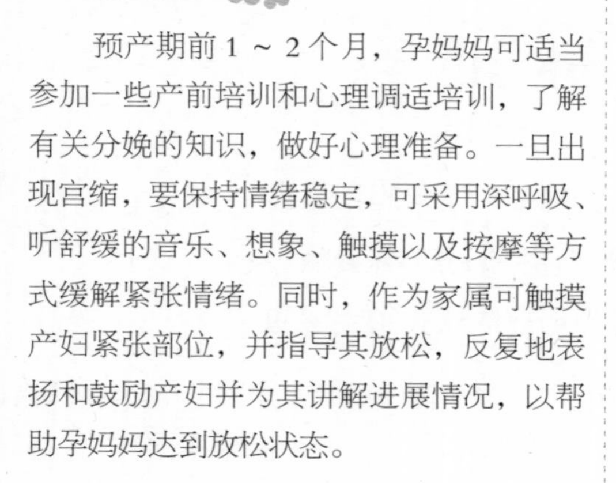

2 调整心理

预产期前 1 ～ 2 个月，孕妈妈可适当参加一些产前培训和心理调适培训，了解有关分娩的知识，做好心理准备。一旦出现宫缩，要保持情绪稳定，可采用深呼吸、听舒缓的音乐、想象、触摸以及按摩等方式缓解紧张情绪。同时，作为家属可触摸产妇紧张部位，并指导其放松，反复地表扬和鼓励产妇并为其讲解进展情况，以帮助孕妈妈达到放松状态。

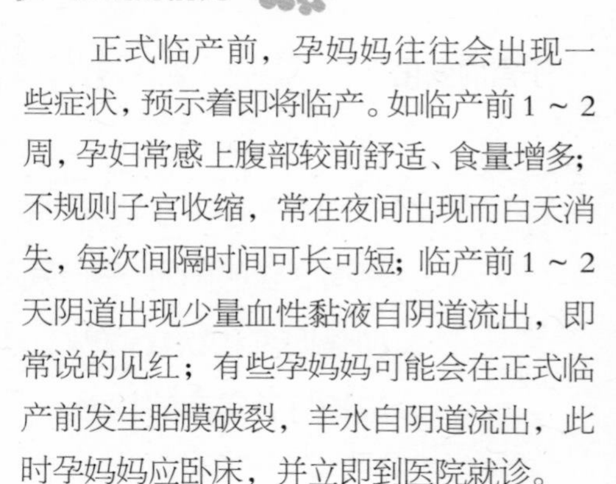

3 分娩的前兆

正式临产前，孕妈妈往往会出现一些症状，预示着即将临产。如临产前 1 ～ 2 周，孕妇常感上腹部较前舒适、食量增多；不规则子宫收缩，常在夜间出现而白天消失，每次间隔时间可长可短；临产前 1 ～ 2 天阴道出现少量血性黏液自阴道流出，即常说的见红；有些孕妈妈可能会在正式临产前发生胎膜破裂，羊水自阴道流出，此时孕妈妈应卧床，并立即到医院就诊。

4 分娩的阶段

准妈妈分娩的过程主要可分为三个阶段，也称三个产程。第一产程是从子宫出现有规律的收缩开始，至宫颈口完全扩张达 10 厘米宽，一般持续 2 ～ 9 个小时。此阶段，孕妈妈应放松紧张的情绪，调整到最佳体位，并利用宫缩间隙适当休息、补充营养和水分。第二产程是从宫颈口完全扩张至胎儿娩出为止。宫缩时，先吸一口气憋住，再向下用力，当胎儿即将娩出时，需密切配合接生人员，不要再用力，以免造成会阴部裂伤。第三产程是从胎儿娩出后到胎盘娩出为止，结束后 2 小时，应卧床休息，进食半流质食物以补充消耗的能量。

应对产后生理变化

在分娩以后，妈妈们不仅要面对一个新生命，而且还要面对自身的各种生理变化，这是产后所无法避免的。新妈妈对产后的生理变化应有一定的认识和了解，有助于调养身体，预防疾病的发生。

乳房的变化

当孕妇成为新妈妈后，乳房的变化较大，乳房增大，变坚实，局部温度升高，且随着体内雌激素、孕激素水平的突然下降，乳腺开始分泌乳汁。新妈妈在产后要及早让宝宝吸吮乳头，以促进乳汁的分泌。

子宫的变化

怀孕期间，母体的各个系统为了适应胎儿生长发育的需要，会产生一系列适应性的生理变化，其中子宫的变化最为明显。由于胎儿的娩出和胎盘的剥离，在子宫内膜的表面形成了一个创面，需等到产后 6 周左右才能完全愈合，这时子宫基本能恢复到非孕期的状态。

会阴部的变化

顺产妈妈的外阴，因分娩压迫、撕裂而产生水肿、疼痛，这些症状在产后数日即会消失。产后新妈妈的阴道腔会逐渐缩小，阴道壁肌张力逐渐恢复，产后出现的扩张现象 3 个月后即可恢复。

泌尿系统变化

在孕期，女性的体内滞留了大量水分，所以产褥初期尿量会明显增多。另外，孕期出现的输尿管显著扩张，一般在产后 4 ～ 6 周后逐渐恢复，在此期间很容易发生泌尿道感染。

呼吸、消化系统的变化

分娩后腹腔压力的消失使横膈恢复正常运动，孕期主要为胸式呼吸，现在又转变为胸腹式呼吸。产褥初期，新妈妈的食欲一般欠佳，由于进食少，水分排泄较多，因此肠道内比较干燥，加上腹肌松弛及会阴伤口疼痛，容易发生便秘。

皮肤、体形的变化

由于产后雌激素和孕激素水平下降，许多新妈妈的面部易出现黄褐斑。妊娠期，腹部皮肤由于长期受子宫膨胀的影响，在产后表现为腹壁明显松弛、下腹部留下永久性的白色旧妊娠纹。此外，还会发生如腹部隆起、腰部粗圆、臀部宽大等体形上的变化。

生活细节备忘录

POINT 1 梳洗的讲究

新妈妈在产后应注意清洁卫生。从产后的第二天起，可和往常一样，正常地梳头、刷牙、漱口。梳头会使新妈妈的血液通畅、精神增加。如果牙龈有点问题，可以先用纱布包住手指漱口，可活血通络、牢固牙齿。自然分娩的新妈妈在产后三天可开始淋浴洗澡，洗澡时要注意保暖，特别是产后抵抗力不好的新妈妈，如果不小心被寒风入侵，很容易感冒。

POINT 2 改善睡眠质量

在月子里很多新妈妈睡眠质量都非常差，有的新妈妈甚至还会出现情绪低落、头痛、易怒等症状，而这些症状会严重影响新妈妈的睡眠质量。但休息是坐月子的头等大事。产后一定要在家里静养，注意睡眠，不要让自己再疲劳。新妈妈可以在睡前喝一杯温开水或热牛奶，这样可以起到镇静、催眠的功效；还可以在睡前洗个热水澡来让自己的身心得到充分的放松。

POINT 3 掌握正确的哺乳姿势

母乳喂养时找准适宜的给宝宝喂养的姿势，不仅能够让乳汁顺利流进宝宝口中，而且也不容易让妈妈和宝宝感到疲累。新妈妈可以采取坐着或躺着的方式给宝宝喂奶，只要感到身体轻松、舒适即可。喂奶姿势准备好后，妈妈应先将宝宝放在自己的腿上，然后托起宝宝的小屁股，让宝宝的脸靠着妈妈的胸部，下颌紧贴妈妈的乳房。妈妈用手掌托起整个乳房，先用乳头刺激宝宝嘴周围的皮肤，当宝宝张开嘴时，顺势把乳头和乳晕一起送到宝宝嘴里，保证宝宝能够充分含住妈妈的乳头。喂奶时，妈妈应一边喂奶一边用手指按压乳房，便于宝宝吮吸，防止宝宝鼻子被堵住，同时这样还能避免乳头破裂。

POINT 4 禁止性生活

女性的生殖器官经过妊娠和分娩的变化及创伤，需要经过一段时间才能恢复正常，产妇身体的全面恢复需要 8 周左右的时间。一般来说，正常分娩 8 周后，才能开始性生活，而且最好是月经恢复后再开始性生活。产钳及缝合术者，在伤口愈合，疤痕形成后才能开始性生活；若是剖腹产，应等到 3 个月以后。

POINT 5 排出恶露

产后恶露持续约 4 ～ 6 周，期间新妈妈只要注意观察恶露是否正常，并注意做好个人卫生，适当按摩子宫即可。按摩子宫可以帮助子宫复原及排出恶露，同时还可预防因收缩不良而引起的产后出血。如果发生血性恶露持续 2 周以上，量多或脓性，有臭味，恶露量太多，血块太大或血流不止等情况时，要及时就诊，以免发生危险。

POINT 6 保证室内空气新鲜

室内气温不宜超过 26℃～ 28℃，室温过高时，可以使用空调或电扇降温。但需要注意的是，空调温度不要太低，时间不宜过长，保持室内空气新鲜流通；电扇不要直接对着新妈妈和宝宝，也要避免过堂风直吹身体。

POINT 7 注意腰部保暖

新妈妈平时要注意腰部保暖，特别是天气变化时要及时添加衣服，避免因受凉而加重疼痛。可以用旧衣物制作成一个简单的护腰，用棉絮填充，再在腰带部位缝几排纽扣，以便随时调节松紧。护腰不要系得太松或太紧，太松不仅显得臃肿、碍事，也不能起到很好的防护和保暖作用；太紧则会影响腰部血液循环。

POINT 8 注意眼睛的保养

新妈妈在妊娠、分娩过程中体力和精力的消耗都很大，这对肝、肾都会造成一定影响，因此大多会不同程度地出现气血两亏、肝肾两虚的现象，个别新妈妈还会因为产后失血过多而造成贫血，这些情况对视力都会带来很大影响。所以，在月子里，对眼睛的护理也非常重要。新妈妈白天在照料宝宝之余，要经常闭目养神。这样眼睛才不会感到疲劳。长时间看书、看电视等都会损伤眼睛，一般看 1 小时后，应闭目休息一会儿或远眺片刻，以缓解眼睛的疲劳，使眼睛的血气通畅。

POINT 9 产后 42 天要进行健康检查

正常情况下，新妈妈在产后 42 天，全身各器官除乳腺外基本都恢复到了孕前状态，这时的健康检查很重要，能够让医生了解其恢复情况，及时发现异常，防止后遗症。一般检查有测血压，检查血、尿常规等；妇科检查，如检查外阴、阴道、伤口愈合情况，盆腔检查等；婴儿检查，如观察婴儿面色、精神、吸吮等情况，了解营养、发育状况，进行体格检查等。

产后疾病早预防

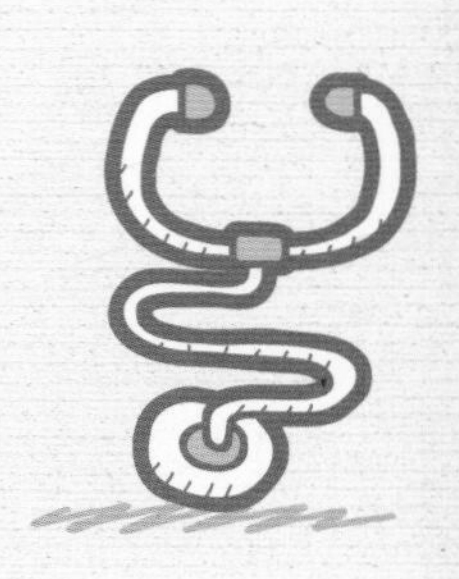

怀孕的时候，不少准妈妈总是担心肚子里胎儿的安全和健康，小心翼翼地进行饮食和行动，不敢让自己的健康有任何闪失。一旦宝宝出生后，新妈妈就如释重负，认为自己的“任务”总算是完成了。殊不知，产后的一些常见疾病，也需要新妈妈们提高警惕，提前做好预防和应对。

产后腰腿疼痛

由于分娩时消耗了大量体力，加之新妈妈在产后很长一段时间都待在床上，活动量少，腰部肌肉缺乏锻炼，且还要经常弯腰照料宝宝，如洗澡、穿衣服、换尿布或从摇篮里抱起宝宝等，都很容易造成腰肌劳损而引起腰痛。因此，新妈妈在平时一定要保持正确的姿势，包括行走、坐卧及哺乳、抱小孩的姿势等；要保证充足的睡眠，经常变换卧床姿势，避免睡姿疲劳，同时还可适当多做些伸展腰部、下蹲等动作，以锻炼腰部肌肉；多做转腰动作，进行腰椎的稳定性训练，以恢复腰椎正常曲度。此外，产后切勿过早穿高跟鞋，否则易使身体重心前移，给脊柱增加压力，引起足部疼痛及腰部酸痛。

产后尿潴留

产后尿潴留是新妈妈在产后常见的并发症之一，它的发生多是由于分娩过程中子宫压迫膀胱及盆腔神经丛，使膀胱肌麻痹，运动迟缓无力；产后盆腔内压力突然下降，引起盆腔内瘀血；加上产程过长引起体力的大量消耗而导致的排尿困难。

为了及早预防尿潴留的发生，新妈妈在产后 6 ~ 8 小时即应主动排尿。如果排尿困难，也应每隔 3 ~ 4 小时做一次排尿的动作，以锻炼膀胱逼尿肌和腹肌的收缩力。每日做 3 ~ 4 次仰卧起坐，每次重复做 10 ~ 20 次，可加强血液循环，解除盆腔瘀血，改善膀胱和腹肌的功能。此外，还可用热水袋敷小腹部，刺激膀胱收缩，加强局部血液循环。

产后发热

新妈妈在产后 1 ~ 2 日内，由于身体阴血骤虚，经常会有轻微发热的症状，2 ~ 3 天后身体会自然调和。如产后第 2 ~ 10 天内，连续两次体温达到或超过 38℃以上则属于异常发热，应考虑是否为产褥感染。新妈妈在产后要注意卫生，保持会阴清洁，尽可能早地下床活动，以促进子宫收缩和恶露的排出。同时还要加强营养以增强身体抵抗力。在发热期间要多饮水，高热时要吃流质或半流质食物。必要时可采用酒精擦拭身体降温，但不能随意用退烧药，以免掩盖病情而延误治疗。

产后贫血

大部分正常分娩的新妈妈，在产后由于体内多余水分的排出，体内血红蛋白浓度有所上升，可达到正常水平。但是还有一部分新妈妈由于分娩时失血较多，很容易造成贫血。产后贫血会使人全身乏力、食欲不振、抵抗力下降，严重时还可能引起胸闷、心慌等症状，并可能产生许多并发症，这对新妈妈的身体恢复及小宝宝的营养健康都非常不利。

新妈妈要避免贫血，应从孕期开始预防，要注意饮食等，保证在孕期不发生贫血。产后可适当服用红糖，因为红糖含有较多的铁、胡萝卜素、维生素 B_2 及钙、锌等营养元素，有助于产后能量的摄取和铁的补充。此外，还可以适当服用补血营养制剂等以补血生血。严重产后贫血者应及时就诊，防止并发症的发生，促进产后身体的尽快康复。

产后漏奶

有的新妈妈产后不久，乳汁不断外流，俗称“漏奶”。漏奶不仅使婴儿得不到母乳喂养，而且还会给新妈妈带来很多苦恼。产后漏奶的原因很多，应根据病因采取不同的方法：

①若因气虚不固者，宜加强食疗，可选用补气、益血、固涩的药膳，如芡实粥等。

②若属情志不畅者，新妈妈尤当注意调节情志，宜慎怒、少忧思，避免各种刺激因素。

③产后漏奶者除求医治疗外，还需注意勤换衣服，避免湿邪浸渍。冬天可用 2 ～ 3 层厚毛巾包住乳房；或用煅牡蛎粉均匀撒于两层毛巾中间，包住乳房，加强吸湿的作用。

产后宫缩痛

在产褥早期因宫缩引起下腹部阵发性剧烈疼痛，称为产后宫缩痛，多见于经产妇和多胎产妇。产后腹部发生像抽筋般的疼痛是由宫缩引起的，这是正常现象。一般情况下，宫缩痛在产后 1 ～ 2 天内出现，4 ～ 7 日后自然消失，不需要进行特别护理，新妈妈大可不必过于惊慌。但是，如果宫缩持续一小时以上还不见缓解，可采取以下方法缓解疼痛：

①按摩小腹。在产后初始几天，可用手掌稍微施力做环形状按摩小腹部，直到感觉该部位变硬即可。

②改变睡姿。让新妈妈侧睡，以减少该部位的疼痛，坐时垫个坐垫也会有所帮助。

③热敷。用热水袋热敷小腹部，每次敷 30 分钟，注意水温不要过高，以免烫伤。

④服用止痛药。若宫缩痛已严重影响到休息和睡眠，应通知医护人员，必要时可用温和的镇静剂止痛。需要注意的是，止痛药的服用一定要遵医嘱，切不可自行乱服药。

锻炼&情绪

▶ 跪姿提升腹部

动作：

1. 四肢着地，双手放于肩下，手指朝前，膝盖位于髋部下方，保持背和颈伸长，使颈部和脊椎成一条直线。放松腹部，但背部不要弯曲。

2. 呼气，收腹，向脊椎方向提升。肘部略弯曲，数6下。注意要保持平稳的呼吸，有控制地降低和放松腹部，按提示的强度指标重复练习。

和缓——重复8次，做2套；
适中——重复8次，做2套；
激烈——重复8次，做2套。

Tips:

在放松腹部时，注意不要让腰部下坠，以避免给脊椎太多压力。若觉得眩晕或恶心，最好休息片刻。

运动效果：这一组运动可以有效增强腹部肌肉的强度，帮助减少腹部赘肉。

▶ 调整产后心理变化

新妈妈在生产后，不仅身体发生很大的变化，其心理也会出现较大的变化。有些新妈妈对于角色的转变无法适应，甚至可能出现产后抑郁的情况。因此，新妈妈要学会自我调整，尽量保持愉快、放松的心情，避免心情差而带来的种种问题，从而让体内的新陈代谢加快，加速身体的恢复。

1 适当休息

在感到疲倦时，可将孩子暂时交给家人、亲友或保姆照料，给自己放个短假，让自己喘口气，适当休息一下，舒缓情绪。

2 转移注意力

新妈妈还可以听一些舒缓的音乐或是与坐月子的新妈妈们一起聊聊天，交流一下养育宝宝的心得和感悟，这样对新妈妈的心情平复都有很大的帮助。

3 寻求准爸爸的帮助

从孕期开始，新爸爸和家人就应给予新妈妈相应的心理指导，尤其是丈夫的关爱和协调作用最为重要，新爸爸要努力为新妈妈营造一个温馨的生活环境，使其感到轻松、愉悦。

给宝宝特殊的照顾

期待已久的宝宝终于降生了，新升级做爸爸妈妈的你们，除了兴奋和激动之外，是不是还有一点点的不知所措呢？从现在开始，学习一些抚育宝宝的必备本领吧。

1. 脐带的护理

脐带连接胎儿和胎盘，是胎儿从母体吸收和排泄代谢物的通道。宝宝出生之后，脐带原本的意义就失去了。因此，医生会将靠近宝宝一端的脐带剪下，留下一小段脐带残端。脐带从剪断到根部脱落需要一周左右的时间，而剪去后的脐带残端很容易使宝宝受到病菌感染，所以在脐带的护理过程中，妈妈要特别注意保持脐部干燥，不要被尿布或者其他物品弄湿。每天在给宝宝洗浴后应用 75% 的酒精消毒，沿一个方向轻擦脐带及根部皮肤，注意不要来回擦。

2. 皮肤的护理

宝宝出生不久，皮肤尚未完全发育，肤质还无法自我实现酸碱平衡。因此，新手爸妈在给宝宝洗澡时，需要使用婴儿专用的温和纯净的肥皂和沐浴乳。给新生儿洗澡时，要注意褶皱处的清洗，动作要轻柔，不要用毛巾来回擦洗。待宝宝洗完澡后，在皮肤褶皱处及臀部擦少许婴儿专用爽身粉即可。

3. 口腔的护理

新生儿刚刚出生时，口腔内常常会有一定的分泌物，这是一种正常现象。出现此种情况，可以定时给婴儿喂一些温开水，用来清洁口腔中的分泌物，以保持口腔洁净。如果是患了口炎或其他口腔疾病的新生儿则需要做口腔护理。具体操作为：新生儿侧卧，用毛巾围在颏下及枕头上；用镊子夹住一个盐水棉球，先擦两颊内部及齿龈外面，再擦齿龈内面及舌部。

4. 囟门的护理

囟门是新生宝宝脑颅的“窗户”，但同时也是一个非常娇弱的地方，因此许多父母不敢去碰、不敢清洗。其实，新生儿的囟门是需要定期清洗的，否则容易堆积污垢，引起宝宝头皮感染。清洁时注意要用婴儿专用洗发液，不能用香皂，以免刺激宝宝头皮诱发或加重湿疹。

清洗时手指应平置在囟门处轻轻揉洗，不要强力按压或搔抓，更不能以硬物在囟门处刮划。

饮食调养好帮手

月子期需加强饮食营养，尤其是分娩后的几天，新妈妈在消化功能逐渐旺盛的情况下，更应多吃一些营养丰富的食物来满足身体所需，通过合理的饮食调养，从而逐渐恢复健康和美丽。

重点需要补充的营养素

1 热量

新妈妈每日需要的热能高达 12540 ~ 16720 千焦。高热量的食物以糖类为好。新妈妈可适量多吃含糖丰富的食物，如大米、小米等，同进还需摄入瘦猪肉、牛肉、鸡肉等动物性食品和坚果类食品，如芝麻、松子等，以满足身体所需。

2 蛋白质

产后体质虚弱，生殖器官复原和脏腑功能康复也需要大量的蛋白质。蛋白质含大量的氨基酸，是修复组织器官的基本物质。因此产后妈妈每日对蛋白质的需求要比正常女性多，约为 90 ~ 100 克。鸡蛋、猪瘦肉、牛肉、鱼类、豆制品等，都是含蛋白质丰富的食物。

3 维生素

产后除维生素A需求量增加较少外，其余各种维生素需求量较未孕时均增加 1 倍以上。因此，产后的膳食中各种维生素必须增加，以维持产妇的自身健康，促进乳汁分泌，满足婴儿生长需要。含维生素丰富的食物有西红柿、胡萝卜、大白菜、茄子、豆类、苹果、葡萄等。

4 矿物质

矿物质是构成人体组织和维持正常生理活动的重要物质。若新妈妈乳汁中的矿物质含量较少，自身储备的矿物质就会被乳汁吸收。因此，摄入充足的矿物质，才能保证妈妈的健康和宝宝的正常发育。

5 水分

新妈妈在分娩过程中会因失血等原因而流失较多的体液，分娩后子宫需要修复，乳汁的分泌也要有充足的液体，且对于刚分娩的新妈妈来说，其基础代谢高、身体较弱、出汗较多，更应补充水分。

产后正确的进餐顺序

保证月子餐的食物种类固然重要，但如何最大限度地吸收月子餐的营养同样也很重要。新妈妈在进食的过程中，可按照“汤—青菜—饭—肉”的顺序进行，这样才能使营养更好地被消化吸收，更有利于身体的恢复。

新妈妈一边吃饭一边喝汤的做法是不对的。因为汤会冲淡胃酸，容易阻碍胃部的正常消化。由于月子餐要比平时吃得多一点，更需要大量的胃酸，所以饭前喝汤较为适宜。而米饭、肉食等淀粉及含蛋白质成分的食物需要在胃里停留 1 ~ 2 小时甚至更长的时间，因此要在汤后吃。如果要进食水果，则应在半小时后食用，以免影响消化和吸收。

合理选择催乳食谱

母乳是宝宝最好的食物，可保障婴儿健康成长，促进婴儿智力开发，增强婴儿对疾病的抵抗力等，其营养成分对婴儿的生长发育最适宜，是任何食物都无法替代的。可是，有些新妈妈在产后出现乳汁很少甚至没有的情况，那么，这时合理选择一些催乳食物或易发奶的汤水，如鸡汤、猪蹄汤、鲫鱼汤等进行调理是很有必要的。

不过，值得注意的是，从中医的角度来说，产后催奶应根据不同体质进行饮食和药物调理，否则反而会适得其反。

1 气血两虚型

平素体虚或因产后大出血而奶水不足的新妈妈可食用猪脚汤、鲫鱼汤等，另可添加党参、北芪、当归、红枣等补气补血药材。

2 痰湿中阻型

肥胖、脾胃失调的新妈妈宜多喝些鲫鱼汤，少喝猪蹄汤和鸡汤，还可添加陈皮、苍术、白术等具有健脾化湿功效的药材。

3 肝气郁滞型

出现产后抑郁倾向的妈妈们建议多喝些玫瑰、茉莉等花草茶，以舒缓情绪。另外，用通草、丝瓜络、猪蹄、漏芦煮汤，也可达到疏肝、理气、通络的功效。

4 血淤型

可喝生化汤，吃点猪脚姜、黄酒煮鸡、客家酿酒鸡等；还可用益母草煮鸡蛋或煮红枣水。

5 肾虚型

可进食麻油鸡、花胶炖鸡汤、米汤冲芝麻等。

6 湿热型

可喝豆腐丝瓜汤等具有清热功效的汤水。

核桃花生木瓜排骨汤

原料： 核桃仁、花生仁各30克，红枣25克，排骨块300克，青木瓜150克，姜片少许

调料： 盐2克

做法

1. 洗净的木瓜切块。
2. 锅中注入适量清水烧开，倒入排骨块，汆煮片刻；关火后将排骨块沥干水分，装盘备用。
3. 砂锅中注入适量清水，倒入排骨块、青木瓜、姜片、红枣、花生仁、核桃仁，拌均匀；加盖，大火煮开后转小火续煮3小时，至食材熟透。
4. 揭盖，加入盐，搅拌片刻至入味。
5. 关火后盛出煮好的汤，装入碗中即可。

小叮咛

木瓜含有多种维生素及矿物质，具有健脾止泻、增强抵抗力、通乳抗癌等功效，产妇可长期食用。

百合红枣桂圆汤

原料：鲜百合、桂圆肉各30克，红枣35克

调料：冰糖20克

做法

1. 砂锅中注入适量清水烧开，倒入洗好的红枣、桂圆肉、百合。
2. 盖上盖，烧开后用小火煮20分钟至食材熟软。
3. 揭开盖，放入适量冰糖，搅拌均匀，煮至溶化。
4. 关火后将煮好的汤料盛出，装入碗中即可。

红枣含有蛋白质、糖类、有机酸、维生素、钙等营养成分，产妇食用能健脾、补气、养血、安神。

香菇木耳炒饭

原料：凉米饭200克，鲜香菇50克，水发木耳40克，胡萝卜35克，葱花少许

调料：盐、鸡粉各2克，生抽5毫升，食用油适量

做法

1. 将胡萝卜、香菇切丁，木耳切小块。
2. 用油起锅，倒入胡萝卜、香菇、木耳，炒匀，倒入米饭，炒松散。
3. 放入生抽、盐、鸡粉，炒匀调味。
4. 放入葱花，炒匀，盛出装碗即可。

木耳含有多种矿物质及维生素，具有补气养血的功效，产妇可适当食用。

南瓜拌核桃

原料： 南瓜 120 克，土豆 45 克，配方奶粉 10 克，核桃粉 15 克，葡萄干 20 克

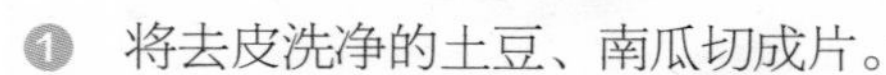

1. 将去皮洗净的土豆、南瓜切成片。
2. 洗净的葡萄干切碎，再剁成末。
3. 把切好的南瓜和土豆装在蒸盘中，待用。
4. 蒸锅上火烧开，放入蒸盘，用中火蒸约 15 分钟至食材熟软。
5. 取出蒸好的南瓜和土豆，放凉备用。
6. 取一个大碗，倒入放凉的南瓜和土豆，用勺子捣烂，再压成泥。
7. 撒上配方奶粉，放入切好的葡萄干，再倒入核桃粉，搅拌约 1 分钟至食材混合均匀。
8. 将拌好的南瓜土豆泥装入小碗中，摆好盘即可。

核桃含有钙、铁、维生素 B_2、维生素 B_6、维生素 E、磷脂等营养物质，产妇常食可补虚强体、润燥滑肠。

做法

1. 洗净的木瓜切开，去子，切块。
2. 锅中注入适量清水，倒入猪蹄，淋入料酒，汆煮片刻至转色，关火后将汆煮好的猪蹄捞出，沥干水分，装盘待用。
3. 砂锅中注入适量清水，倒入猪蹄、红枣、花生、眉豆、姜片、木瓜，拌匀。
4. 加盖，大火煮开转小火煮3小时至食材熟软。
5. 揭盖，加入盐，搅拌至入味；关火后将煮好的菜肴盛出，装入碗中即可。

1

2

3

4

5

花生眉豆煲猪蹄

原料： 猪蹄400克，木瓜150克，水发眉豆100克，花生80克，红枣30克，姜片少许

调料： 盐2克，料酒适量

小叮咛

猪蹄含有胶原蛋白、维生素A、B族维生素、维生素C、钙、磷、铁等营养成分，产妇常食有利于通经下乳。

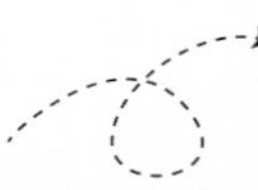

木瓜鲤鱼汤

原料： 鲤鱼 800 克，木瓜 200 克，红枣 8 克，香菜少许

调料： 盐、鸡粉各 1 克，食用油适量

做法

1. 将木瓜去皮、去子，切成块；香菜切段。
2. 热锅注油，放入鲤鱼，煎至表皮微黄，盛出。
3. 砂锅注水，放入鲤鱼，倒入木瓜、红枣，拌匀，用大火煮 30 分钟至汤汁变白。
4. 倒入香菜，加入盐、鸡粉，稍稍搅拌至入味。
5. 关火后盛出煮好的鲤鱼汤，装碗即可。

小叮咛

此汤有益精补血、提高免疫力、保护肠胃、防治便秘等功效，是产妇的补虚佳品。

黄花菜鸡蛋汤

原料： 水发黄花菜 100 克，鸡蛋 50 克，葱花少许

调料： 盐 3 克，鸡粉 2 克，食用油适量

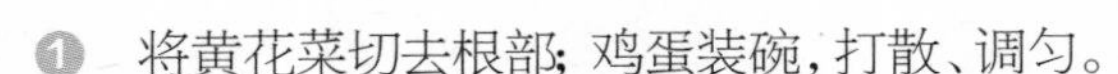

做法

1. 将黄花菜切去根部；鸡蛋装碗，打散、调匀。
2. 锅中注水烧开，加入盐、鸡粉，放入黄花菜，淋入食用油，用中火煮约 2 分钟，至其熟软。
3. 倒入蛋液，边煮边搅拌，略煮至液面浮出蛋花。
4. 盛出汤料，装入碗中，撒上葱花即成。

小叮咛

黄花菜含有维生素 C、钙、脂肪、胡萝卜素、氨基酸等，孕妇常食能改善新陈代谢，增强免疫力。

原料： 生鱼块 240 克，节瓜 120 克，花生米 70 克，水发红豆 65 克，枸杞 30 克，水发干贝 35 克，淮山 25 克，姜片少许

调料： 盐 2 克，鸡粉少许，料酒 5 毫升

小叮咛

生鱼具有滋补壮阳、收肌生津、驱寒调养等作用，适合产后体虚的女性食用。

1. 将洗净的节瓜切开，取出瓜瓤，再切滚刀块。
2. 砂锅中注入适量清水烧热，撒上备好的姜片，倒入淮山，放入洗好的花生米、红豆、枸杞。
3. 撒上备好的干贝，放入洗净的生鱼块，淋上少许料酒，搅拌匀。
4. 盖上盖，大火烧开后转小火煮约 30 分钟，至食材散出香味。
5. 揭盖，倒入切好的节瓜，搅散、拌匀，用小火续煮约 15 分钟，至食材熟透。
6. 加入少许盐、鸡粉，拌匀调味，转中火略煮，至汤汁入味；关火后盛出煮好的生鱼汤，装在碗中即可。

节瓜红豆生鱼汤

莴笋炒瘦肉

原料： 莴笋200克，瘦肉120克，葱段、蒜末各少许

调料： 盐2克，鸡粉、白胡椒粉各少许，料酒3毫升，生抽4毫升，水淀粉、芝麻油、食用油各适量

做法

1. 将去皮洗净的莴笋切片，再切细丝。
2. 瘦肉切丝装碗，加入盐、料酒、生抽、白胡椒粉、水淀粉、食用油，拌匀，腌渍片刻。
3. 用油起锅，倒入肉丝，炒匀，至其转色。
4. 撒上葱段、蒜末，炒出香味，倒入莴笋丝，炒匀炒透，加入盐、鸡粉，注入清水，炒匀。
5. 用水淀粉勾芡，炒至食材熟透，淋入芝麻油，炒香。
6. 关火后将食材盛入盘中，摆好盘即可。

小叮咛

莴笋还含有较多的植物纤维素，能促进肠壁蠕动，产后食用可帮助大便排泄，预防便秘。

冰糖百合蒸南瓜

原料： 南瓜条 130 克，鲜百合 30 克

调料： 冰糖 15 克

做法

1. 把南瓜条装在蒸盘中，放入洗净的鲜百合，撒上冰糖，待用。
2. 备好电蒸锅，放入蒸盘，盖上盖，蒸约 10 分钟，至食材熟透。
3. 断电后揭盖，取出蒸盘，稍微冷却后食用即可。

小叮咛

南瓜中的果胶，可促进肠胃蠕动，帮助食物消化，同时还能保护胃肠道黏膜、预防和改善产后便秘。

豆奶南瓜球

原料： 黑豆粉150克，南瓜300克，牛奶200毫升

调料： 白糖适量

做法

1. 洗净去皮的南瓜去瓤，用挖球器挖成球状。
2. 砂锅中注入适量清水，倒入南瓜球，用大火煮约20分钟至其熟软，捞出南瓜，待用。
3. 将牛奶倒入砂锅中，用中火烧热，倒入黑豆粉，搅拌均匀，煮20分钟。
4. 加入少许白糖，搅拌至白糖溶化，关火后将煮好的豆奶盛入碗中，倒入南瓜球即可。

南瓜含有可溶性纤维、叶黄素、磷、钾、钙、镁、锌等营养成分，产妇常食，能增强免疫力。

藕汁蒸蛋

原料： 鸡蛋120克，莲藕汁200毫升，葱花少许

调料： 生抽5毫升，盐、芝麻油各适量

做法

1. 取一碗，打入鸡蛋，搅散，倒入莲藕汁，搅拌匀，加入盐，搅匀调味，倒入蒸碗中。
2. 蒸锅中注水烧开，放入蛋液。
3. 盖上锅盖，大火蒸12分钟至熟。
4. 掀开锅盖，取出蒸蛋，淋入生抽、芝麻油，撒上葱花即可食用。

鸡蛋含有固醇类、蛋黄素、钙、磷、铁、维生素A、维生素D等成分，产妇食用可补充营养。

南瓜山药汤

原料： 去皮南瓜 100 克，去皮山药 80 克，节瓜 50 克，清汤适量，枸杞 5 克

调料： 盐 2 克

做法

1. 洗净的南瓜、节瓜、山药分别切成丁。
2. 洗净的焖烧罐中倒入切好的山药丁、南瓜丁、节瓜丁，注入开水至八分满。
3. 盖上盖子，摇匀，预热 30 秒，取下盖子，倒出水分。
4. 将备好的清汤倒入锅中，煮沸后转小火蓄热，待用。
5. 焖烧罐中放入枸杞，倒入煮沸的清汤至八分满，加上盖子，摇匀食材，焖 3 小时至食材熟软，汤汁入味。
6. 取下盖子，加入盐，搅匀调味，将汤品装碗即可。

山药具有健脾养胃、降低血糖、延年益寿等作用，是产后多虚多瘀的女性的调养佳品。

玫瑰山药

原料：去皮山药 150 克，奶粉 20 克，玫瑰花 5 克

调料：白糖 20 克

做法

1. 取出已烧开上气的电蒸锅，放入山药，加盖，调好时间旋钮，蒸 20 分钟至熟。
2. 揭盖，取出蒸好的山药。
3. 将蒸好的山药装进保鲜袋，倒入白糖，放入奶粉，压成泥状，装盘。
4. 取出模具，逐一填满山药泥，用勺子稍稍按压紧实。
5. 待山药泥稍定型后取出，反扣放入盘中，撒上掰碎的玫瑰花瓣即可。

小叮咛

玫瑰能活血化瘀、缓和情绪、美容养颜，搭配山药同食，能温和地滋补身体，预防产后抑郁。

糙米胡萝卜糕

原料：去皮胡萝卜 250 克，水发糙米 300 克，糯米粉 20 克

1. 洗净的胡萝卜切片，改切细条。
2. 取一碗，倒入胡萝卜条，放入泡好的糙米，加入糯米粉。
3. 注入适量清水，将材料拌匀。
4. 拌匀后盛入备好的碗中。
5. 蒸锅中注水烧开，放入上述拌匀的食材，加盖，用大火蒸 30 分钟至熟透。
6. 揭盖，取出蒸好的糙米胡萝卜糕，放凉。
7. 将放凉的食材倒扣在盘中，将糕点切成数块三角形，摆放在另一盘中即可。

胡萝卜含有葡萄糖、胡萝卜素、维生素 A、钾、铁、钙等营养物质，具有滋润肌肤的功效，产妇可常食。

清炖猪蹄

原料： 猪蹄块 400 克，水发芸豆 100 克，姜片少许

调料： 盐 2 克，胡椒粉 3 克

做法

1. 锅中注入适量清水烧热，放入处理干净的猪蹄块，煮约 3 分钟，撇去浮沫，放入姜片，倒入泡发好的芸豆，搅匀。
2. 加盖，用大火煮开后转小火炖 90 分钟至食材熟软。
3. 揭盖，加入盐、胡椒粉，搅匀调味。
4. 关火后盛出煮好的汤料，装碗即可。

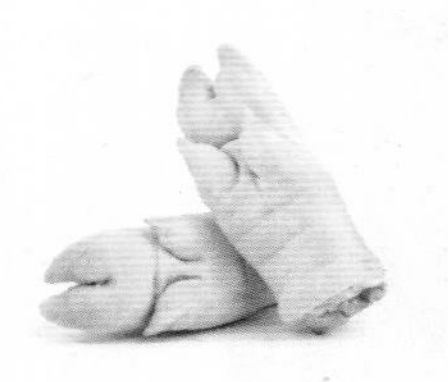

芸豆具有护发、增强免疫力、促进新陈代谢等作用，搭配猪脚同食还能为宝宝充裕粮仓。

彩椒芹菜炒肉片

原料： 猪瘦肉270克，芹菜120克，彩椒80克，姜片、蒜末、葱段各少许

调料： 盐、鸡粉各3克，生抽、生粉、水淀粉、料酒、食用油各适量

做法

1. 将洗净的芹菜切成段；洗好的彩椒去子，切粗丝。
2. 洗净的猪瘦肉切片装碗，加盐、鸡粉、生粉，倒入水淀粉、食用油，腌渍至其入味。
3. 热锅注油，烧至四五成热，倒入肉片，滑油约半分钟至其变色，捞出，待用。
4. 锅底留油烧热，倒入姜片、葱段、蒜末，爆香，放入彩椒、肉片、芹菜。
5. 加入盐、鸡粉、料酒，用大火快速炒匀，翻炒至食材熟软，倒入水淀粉勾芡。
6. 关火后盛出炒好的菜肴即可。

芹菜含有胡萝卜素及多种维生素、游离氨基酸，具有促进血液循环的功效，有利于女性产后排毒。

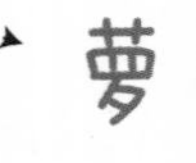

萝卜芋头蒸鲫鱼

原料：鲫鱼350克，白萝卜200克，芋头150克，豆豉35克，姜片、葱段、干辣椒各适量，葱丝、红椒丝、姜末、蒜末、姜丝、花椒各少许

调料：盐4克，白糖少许，生抽3毫升，料酒6毫升，食用油适量

做法

1. 将白萝卜切细丝；芋头切片；豆豉切碎；鲫鱼切上刀花，撒上盐、料酒、姜片，腌渍。
2. 用油起锅，倒入豆豉、干辣椒、姜末、蒜末、葱段，加入生抽、盐、白糖，炒匀，制成酱菜。
3. 取一蒸盘，放入萝卜丝，铺上芋头片，摆好造型，再放上鲫鱼、酱菜，装入蒸锅中。
4. 蒸至食材熟透，取出蒸盘，趁热撒上葱丝、红椒丝和姜丝，待用。
5. 将花椒用油炸香，浇在菜肴上即可。

小叮咛

鲫鱼具有和中补虚、健脾、养胃、补中益气等功效，是产后进补的佳品。

红烧萝卜

原料： 去皮白萝卜400克，鲜香菇3个

调料： 盐、鸡粉各1克，白糖2克，生抽、老抽各5毫升，水淀粉、食用油各适量

做法

1. 将白萝卜切滚刀块，鲜香菇斜刀对半切开。
2. 用油起锅，倒入香菇，注入清水，放入白萝卜，加入盐、生抽、老抽、白糖、鸡粉，炒匀，焖20分钟至熟。
3. 用水淀粉勾芡，盛出菜肴，装盘即可。

小叮咛

白萝卜具有消食、除痰润肺、解毒生津、利尿通便等功效，经常食用，可预防产后便秘。

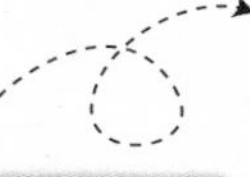

牛肉莲子红枣汤

原料： 红枣15克，牛肉块250克，莲子10克，姜片、葱段各少许

调料： 盐3克，料酒适量

做法

1. 锅中注水烧开，放入牛肉块，汆去血水。
2. 捞出汆煮好的牛肉，装入盘中，备用。
3. 砂锅中注水烧开，倒入牛肉，放入备好的莲子、红枣、姜片、葱段，淋入料酒。
4. 盖上盖，煮至食材熟透。
5. 揭盖，放入少许盐，拌匀调味。
6. 关火后盛出煮好的汤料，装入碗中即可。

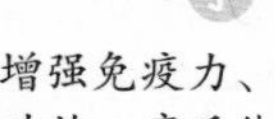

小叮咛

牛肉具有增强免疫力、补中益气、滋养脾胃、强健筋骨等功效，产后体虚的女性应常食。

萝卜水芹猪骨汤

原料： 猪排骨140克，去皮白萝卜150克，水芹15克，料酒6毫升，姜片少许

调料： 盐3克，胡椒粉4克

做法

1. 白萝卜切成小扇形块，洗净的水芹切小段。
2. 洗好的猪排骨斩成块，装碗，放入1克盐、2克胡椒粉，拌匀，腌渍10分钟至入味。
3. 锅中注水烧开，放入腌好的排骨块，倒入切好的白萝卜，加入姜片，倒入料酒，搅拌匀。
4. 稍煮片刻至汤汁沸腾，掠去浮沫，加盖，用小火炖30分钟至食材熟软。
5. 揭盖，加入2克盐、2克胡椒粉，搅匀调味，放入切好的水芹，搅匀至水芹香味飘出。
6. 关火后盛出汤品，装入小砂锅中即可。

水芹有独特的香气，加到菜肴中有促进食欲的功能，不仅能去除排骨的肉腥味，还令汤水更加鲜美。

木耳鸡蛋炒饭

原料：米饭200克，水发木耳120克，火腿75克，鸡蛋液45克，葱花少许

调料：盐、鸡粉各2克，食用油适量

做法

1. 将洗好的木耳切丝，再切碎。
2. 火腿去除包装，切条，改切成丁。
3. 热锅注油烧热，倒入备好的鸡蛋液，炒至松散，盛出，装入盘中待用。
4. 锅底留油烧热，倒入木耳，翻炒均匀。
5. 倒入火腿，炒匀，倒入米饭，炒松散。
6. 倒入炒好的鸡蛋，快速翻炒片刻。
7. 加入少许盐、鸡粉，翻炒调味，撒上少许葱花，翻炒出葱香味。
8. 关火后将炒好的饭盛出，装入盘中即可。

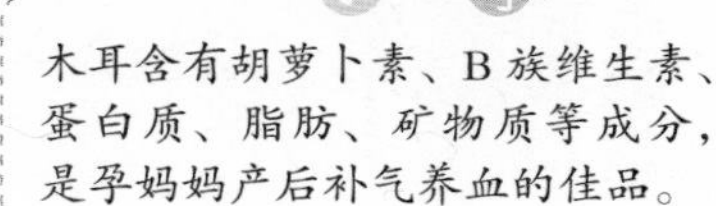

小叮咛

木耳含有胡萝卜素、B族维生素、蛋白质、脂肪、矿物质等成分，是孕妈妈产后补气养血的佳品。

鸡茸豆腐胡萝卜小米粥

原料：小米 50 克，豆腐 30 克，胡萝卜 30 克，鸡肉 50 克

调料：盐适量

做法

1. 处理好的鸡肉切成丁；备好的豆腐切块；洗净去皮的胡萝卜切圆片，装入小碗中。
2. 电蒸锅注水烧开，放入胡萝卜，蒸至食材熟透，取出胡萝卜，用勺子压碎，待用。
3. 备好绞肉机，将鸡肉、豆腐倒入搅拌杯，将食材打碎，倒入碗中，加入盐，拌匀，捏成数个丸子，用开水烫至半熟，待用。
4. 往装小米的碗中注入适量清水，洗净，把水倒掉，再注入适量清水，浸泡 30 分钟。
5. 奶锅注水烧热，倒入泡好的小米，煮沸后改用小火煮 20 分钟，倒入胡萝卜碎、鸡肉丸子，续煮至熟，关火后盛出煮好的粥即可。

小叮咛

豆腐有帮助消化、增进食欲的功能，还能增加血液中铁的含量，是产褥期女性的食补佳品。

胡萝卜粳米粥

原料： 水发粳米100克，胡萝卜80克，葱花少许

调料： 盐、鸡粉各2克

做法

1. 将去皮洗净的胡萝卜切丁。
2. 砂锅中注入适量清水烧开，倒入胡萝卜丁。
3. 放入洗净的粳米，搅拌匀，使米粒散开。
4. 盖上盖，烧开后用小火煮至食材熟透。
5. 揭盖，加入鸡粉、盐，拌匀，再撒上葱花。
6. 关火后盛出粳米粥，装在碗中即成。

胡萝卜具有维持上皮组织健全、降压、强心、保护视力等作用，适合需恢复身材的产妇常食。

鲜香菇豆腐脑

原料： 内酯豆腐1盒，木耳、鲜香菇各少许

调料： 盐2克，生抽、老抽2各毫升，水淀粉3毫升

做法

1. 洗净的香菇、木耳分别切成粒；豆腐放入烧开的蒸锅中，用中火蒸至熟，取出待用。
2. 用油起锅，倒入香菇、木耳，炒匀，注入清水，加入适量盐、生抽，拌匀煮沸。
3. 倒入少许老抽，拌匀上色，倒入适量水淀粉勾芡，把炒好的食材盛放在豆腐上即可。

木耳的蛋白质含量是牛奶的6倍，其钙、磷、纤维素的含量也不低，产妇可常食。

附录 1 特殊情况的备孕提醒

高龄产妇孕前准备

女性过了 35 岁才怀孕生产就属于高龄产妇。高龄女性因卵子质量下降，健康怀孕的几率也就会跟着下降，但做好孕前准备工作，不但能增加怀孕的概率，还能为孕育一个健康的宝宝打好基础。

POINT 1 夫妇双方需做全面体格检查，积极治疗原有的疾病

除了遗传性疾病的筛查、身体各项常规检查外，女性还需要做一个妇科检查。夫妻双方中的任何一方存在疾病都不宜马上怀孕，需等病情痊愈并修养一段时间之后再备孕。

POINT 2 高龄产妇要做好心理准备

高龄产妇孕前宜进行优生咨询，了解自己需要注意些什么，有针对性地提前做好心理准备。

POINT 3 提前口服叶酸

叶酸能有效降低胎儿神经管畸形的发生率，还有利于提高胎儿的智力，使新生儿更健康、更聪明。因此，高龄产妇在孕前应按医嘱适量补充叶酸。

POINT 4 少吃甜食

高龄产妇更易发胖和患上妊娠期糖尿病，因此要控制体重，尤其是身体较胖的女性。建议多吃高蛋白、低脂肪的食物，少吃甜食，少喝碳酸饮料。

POINT 5 注意锻炼身体

高龄产妇平时就应适当锻炼身体，增强自己的体质，以便优生。例如，夫妻一起慢跑或做简单的瑜伽。

POINT 6 改变不良的生活习惯

在孕前准备阶段直至哺乳期都应尽量少化妆、避免染发、不涂指甲油、戒烟戒酒、不熬夜。

POINT 7 放松心情

高龄女性心理上更为成熟，对孕育和生育顾虑较多，很容易出现紧张、焦虑情绪。其实，只要加强各种保健措施，孩子会平安出生，不必过于担心，否则反而不利于正常受孕。

曾经有过胎停育史

一般情况下，女性怀孕 40 ~ 50 天，胚胎就会发育出胎芽和胎心，如果此时 B 超检查没有发现胎芽或者胎心的生长，则说明胚胎出现停育，在怀孕初期就称作“胎停育”。有过胎停育史的女性在下次怀孕前需注意以下几个方面：

1

不要急于受孕怀胎

一般来说，胎停育后至少半年，最好是一年后再怀孕为好。

2

避开会导致胎停育的因素

有过胎停育经历的夫妇，再次准备怀孕前，孕前检查需重点放在黄体功能、TORCH 和肾脾功能上，找到胎停育的原因，避免再次发生胎停育的风险。

3

补充叶酸

孕前需注意饮食均衡，从怀孕前 3 个月到怀孕 3 个月，女性每天需补充 0.4 毫克的叶酸。

4

放松心情

无论是自己还是周围的朋友发生过胎停育，均不能为此过度担忧。紧张、压力会导致机体内分泌失衡，这对胚胎的健康发育也是不利的。

女性患有心脏病

孕期，孕妈妈的血容量比未孕时约增加 35%，心搏出量比未孕时增加 20% ~ 30%，都加重了心脏的负担。分娩时由于腹压加大，内脏血液涌向心脏。如果母体患有心脏病则可能无法承受这些变化，容易在孕晚期、分娩时及产后 3 ~ 4 天发生心力衰竭，重者可威胁产妇及围产儿的生命。因此，患心脏病的妇女，在婚前检查时就要了解婚后能否怀孕和生育。

对已确定有心脏病的妇女，决定其是否可以妊娠要慎重考虑。一般认为心脏病变较轻，能胜任日常体力活动或轻便劳动者，在妊娠分娩时发生心力衰竭的机会较少，因而如无其他并发症及紫绀，年龄又在 35 岁以下，可在产科与心脏科医师指导下定期检查，允许妊娠。

如果心脏病较严重，轻便劳动就会心悸、气急，甚至症状更严重者均不宜妊娠。此外，先天性心脏畸形严重伴有紫绀、心律失常、活动性风湿热、严重高血压治疗效果不佳者，有心力衰竭及脑栓塞病史者，妊娠对母子的危险性均很大，不宜妊娠。

不宜妊娠的心脏病患者一旦怀孕，应在怀孕前 3 个月内做人工流产，这样安全度较高。

附录 2 孕产期计划参考表

孕前计划一览表

时间	备孕计划	执行方案	备注
怀孕前6个月	了解孕育知识	买一本孕育指导书，指导你的整个孕育过程	注意科学性、实用性、形象性
	注射疫苗	尽早注射第一支乙肝疫苗，提前8个月注射风疹疫苗	乙肝疫苗需注射3次
	做一次全面的身体检查	夫妻双方都需要做好健康检查	
	保证健康	一些严重影响怀孕的疾病要提前治愈，停止服药	
	停止避孕	提前6个月停服避孕药，采取避孕套等工具避孕	其他药栓剂避孕应在此之前停止
怀孕前5个月	计算孕产开支	计算孕产期的开支和宝宝出生1年后的开支，并制定相应的理财计划	夫妻双方要相互协商，从实际经济条件出发
	记录基础体温	每天清晨坚持执行，不要间断	坚持3个月，了解自己的体温变化规律
怀孕前4个月	储备必需的营养	改变不良的生活、饮食习惯，制定健康的营养食谱	
	制定健身计划	慢跑、游泳、参加瑜伽训练	体重超重者应严格执行
怀孕前3个月	注意生活、工作环境	离开有害的工作环境	
	停服对宝宝有害的所有药物	对有可能影响妊娠健康的药物要停服，服药一定要咨询医生的意见	
怀孕前2个月	安顿好宠物	在亲戚、朋友之间为宠物找一个新的主人	
	调适好心情	多与家人、朋友沟通，保持好的心情	
怀孕前1个月	补充营养素	针对自己的身体状况，有针对性地补充营养素，尤其应注意补充叶酸	
	规律性生活	注意性生活卫生，营造浪漫气氛，把握适当的受孕时机	

怀孕 1 ~ 3 个月计划一览表

时间	孕期计划	执行方案	备注
第 1 个月	怀孕早发现	继续观测基础体温和身体的异常反应	
	远离会对宝宝造成危害的环境或事物	远离电磁污染，减少电脑、微波炉、手机的使用频率	
	补充营养	注意均衡饮食，保证充足蛋白质、维生素、钙、铁等营养素的供给	正常的运动和休息也是必要的
	了解宝宝和自己身体的变化	阅读有关胎儿生长和孕妇保健的书籍，或与医生交流，以便随时了解宝宝在体内的发育情况和自己的生理变化	
	以好心情欢迎宝宝的到来	营造良好的家庭环境和氛围，以积极乐观的心态面对早孕反应	
	学点胎教常识	可向保健医师咨询或购买胎教方面的读物	要注意科学性和实用性
第 2 个月	减缓早孕反应	避开刺激物，保持平和、乐观的心态，坐、卧、站都尽量保持舒适的姿势	谨慎使用药物
	减少家务和工作量	与上司和同事协商减轻工作量，家务活不妨让准爸爸多分担一点	
	缓解烦恼	找一些释放情绪的方法，如听音乐、插花、写日记	
	注意出行安全	选择合适的交通工具，遵守交通规则	错开上下班高峰期
	选择合适的衣物	衣服应适当宽松些，鞋袜以舒适为佳	可在办公室放一双拖鞋
	做第一次孕期检查	全套检查，了解胎儿的发育情况	
第 3 个月	安胎	多吃一些具有安胎养血功效的食物，一旦出现异常情况应立即就医	
	缓解胸部肿胀	使用适合孕妇的乳罩，并不时更换，还可在医生的指导下学习简单的按摩操	不要因各种不适症状而给自己造成心理压力和负担
	预防水肿	减少食盐量，控制钠的吸收，同时要避免久坐不动	从现在开始预防，可减轻孕中期的水肿痛苦
	关注口腔健康	坚持每日有效刷牙 2 次，少吃甜食，多吃富含维生素 C 的水果和蔬菜	不得进行拔牙、洗牙之类的治疗

怀孕 4 ~ 6 个月计划一览表

时间	孕期计划	执行方案	备注
第 4 个月	补充营养	在坚持均衡膳食的前提下，需重点补充蛋白质、维生素、钙、铁	适当晒晒太阳，促进钙的吸收
	适度运动	可以选择动作幅度小、安全性高的运动，如散步、孕妇保健操	根据自己的身体状况量力而行
	预防阴道炎	保持外阴部的清洁，选择柔软、透气的内裤，洗后最好在日光下晒干	
	留意体重变化	孕中期在补充营养的同时，也要避免体重增加过多或过快	体重增加是正常生理现象，不可刻意减肥，更不能药物减肥
	准备孕妇装	以宽大为原则，衣料应轻柔、耐洗、透气	合适的孕妇装会使你更美丽
第 5 个月	胎教	准妈妈不要错过胎教的好时机，可以配合音乐、语言触摸胎儿	准爸爸最好一同参与，效果会更好
	孕期检查	了解宝宝的发育情况和自己的生理状况	
	做好乳房保健	休息时应取下乳罩,防止乳房受外伤、挤压和感染,每日用温水擦洗乳头一次	可预防乳房炎症，预防妊娠期乳腺炎
	应对皮肤变化	保持皮肤的清洁，避免使用刺激性洗护用品	注意饮食，多吃富含维生素 C 和蛋白质的食物
	留下孕期美好回忆	准备一次孕期旅行或拍一套孕期写真照	安排旅行前最好先确定自己是否适合旅游
第 6 个月	预防贫血、便秘、腰痛、感冒和意外伤害	定期做产前检查，了解血压和血液铁质含量是否正常；饮食适量补充富含铁、纤维素、维生素 C 的食物	准妈妈的生活起居、饮食都要十分小心
	选择正确的睡眠姿势	尽量选用侧卧位睡眠，尤以朝左侧卧位为好	可为自己准备一个合适的孕妇枕
	避免眩晕	避免长时间保持同一坐姿或站姿，起床、坐姿站起，动作都要轻慢	
	安全运动	运动量要减小一点，可选择爬楼梯、散步或有氧操	运动前后及时补充食物和水分，并做好暖身运动

怀孕 7 ~ 10 个月计划一览表

时间	孕期计划	执行方案	备注
第 7 个月	缓解妊娠水肿	白天用小凳子把双脚垫高，夜间则用枕头；增加活动量，如多走路	肿胀越来越严重，并伴有头晕等，应及时就医
	做好准备	通过书籍、培训课程了解分娩过程，平时还可以做有助于分娩的简单运动	预防早产
	定期进行体检	继续关注宝宝的生长发育和自己体重的增长情况	如果体重增长较快，应注意控制高脂饮食
第 8 个月	使乳腺管畅通	从 32 周起要挤出初乳	留意是否有子宫收缩反应
	计划产假	了解公司的产假制度，做好工作交接、产后修养等全面准备	与公司、同事、家人做好沟通
	缓解腰痛	平卧睡觉时，可在膝关节下垫软枕，避免穿高跟鞋	绝大部分不需要治疗，分娩后，就会消失
	关注宝宝胎位	这时的胎宝宝可以自己在妈妈肚子里变换体位，胎位并没有完全固定	如需矫正胎位，产科医生会给你适当的指导
第 9 个月	预防下肢静脉曲张	多走动，以促进血液循环；穿着宽松的衣物，避免长时间的站立或坐着	大多在孕后期出现，产后数月会自行消失
	做好胎心监护	孕 32 周即可开始监护，正常妊娠从 36 周开始，每周 1 次，每次 20 分钟	饥饿、疲劳、情绪紧张都会影响结果的可靠性
	了解一些生产知识	包括什么是宫缩、见红，该如何处理等临产知识，分娩的征兆、分娩的过程	
	产前检查	每 2 周检查 1 次，以防高危情况	
	准备分娩用品	要将孩子衣、食、住、用的用具准备就绪；准备好分娩要用到的证件、生活用品	最好将这些物品有序放在准备好的待产包里
第 10 个月	随时做好入院的准备	安心待在家里，密切关注自己身体的变化，做到心中有数	
	选择分娩方式	了解不同分娩方式的优劣，结合医生的建议，选择适合自己的分娩方式	事先和家人商量好
	消除紧张情绪	提前熟悉分娩环境，多和过来人交流	

产褥期计划一览表

时间	产褥期计划	备注
第 1 周	随时观察恶露情况，按需给宝宝哺乳，注意防寒保暖，可适当进行乳房按摩，促进乳汁的分泌，预防产后抑郁	剖宫产的新妈妈要应注意伤口的护理，避免感染
第 2 周	充分摄取营养丰富的食物，促进身体的恢复和乳汁分泌；在不导致疲劳的前提下，可以做一些简单的舒缓运动	尽量避免外出
第 3 周	营养均衡，增加铁的补充；进行会阴部的练习；密切关注身体的变化，一旦发现有异常情况，应及时就医	禁止性生活
第 4 周	避免提重物,也不要伸手拿高处物品,不要长时间蹲着;如果恶露结束,可以不用再进行会阴部的消毒,但还是要注意外阴部的卫生;妈妈需要接受产后第 1 个月的检查	从这周开始可以进行温水淋浴
第 5 周	可做一点力所能及的家务，但不能过于劳累；出现疼痛、出血、发热等症状时，应到医院检查	身体恢复到正常，可以使用盆浴
第 6 周	可以带着宝宝晒太阳，到附近公园散步、呼吸新鲜空气；准备重返工作岗位，要解决好宝宝哺乳的问题	调适好情绪，平和应对工作与照顾宝宝的矛盾
第 7 周	获得医生许可后，可以开始性生活，不过要采取避孕措施	

孕期检查时间和项目表

<table>
<tr><th>妊娠阶段</th><th>检查频度</th><th>检查项目</th><th>定期检查项目</th><th>特殊情况检查</th></tr>
<tr><td>妊娠早期</td><td rowspan="2">每 4 周 1 次（从第 4 周开始）</td><td>常规检查：问诊、妇科检查、身高和体重测量、血压测定、浮肿检查、尿检、血液检查</td><td rowspan="2">超声波检查、腹围子宫底长检查、超声波断层诊断</td><td rowspan="2">ALT 抗体检查、风疹抗体检查、弓浆虫体检查、B 群溶连菌检查、乳房检查、子宫颈部细胞检查、母体血清检查、绒毛检查</td></tr>
<tr><td>妊娠中期</td><td>贫血检查、HBs 抗原检查、梅毒和 HIV 抗体检查、HCV 检查、血糖及甲状腺检查（从第 12 周开始）</td></tr>
<tr><td rowspan="2">妊娠晚期</td><td>每 2 周 1 次（第 28 ~ 35 周）</td><td>常规检查（只需在初次检查时进行）</td><td>超声波断层诊断、贫血检查</td><td>不规则抗体检查、ALT 抗体检查、乳房检查、被迫早产检查</td></tr>
<tr><td>每周 1 次（第 36 周开始）</td><td>常规检查（只需在初次检查时进行）</td><td>妇科检查、超声波断层诊断</td><td>骨盆 X 线检查</td></tr>
</table>